F R U S T R A T I O N

# 挫折大学

## 获得完美人格必修的一所大学

[美] 拉尔夫·艾尔伯特·佩里特◎著
郦英华◎译

中国出版集团 研究出版社

**图书在版编目（CIP）数据**

挫折大学 /（美）拉尔夫·艾尔伯特·佩里特著；郦英华译．—北京：研究出版社，2016.7

ISBN 978-7-80168-953-5

Ⅰ．①挫… Ⅱ．①拉… ②郦… Ⅲ．①挫折（心理学）—青少年读物 Ⅳ．①B848.4-49

中国版本图书馆 CIP 数据核字（2016）第 118031 号

**挫折大学——获得完美人格必修的一所大学**

| | |
|---|---|
| **作　　者** | [美] 拉尔夫·艾尔伯特·佩里特 著 |
| **译　　者** | 郦英华 译 |
| **责任编辑** | 刘姝宏 |
| **出版发行** | 研究出版社 |
| **地　　址** | 北京市东城区沙滩北街 2 号中研楼 |
| **邮政编码** | 100009 |
| **电　　话** | 010-64257481（总编室）010-64267325（发行部） |
| **网　　址** | www.yjcbs.com |
| **电子信箱** | yjcbsfxb@126.com |
| **印　　刷** | 三河市南阳印刷有限公司 |
| **开　　本** | 890mm×1240mm　1/32 |
| **印　　张** | 7.25 |
| **版　　次** | 2016 年 7 月第 1 版　2016 年 7 月第 1 次印刷 |
| **书　　号** | ISBN 978-7-80168-953-5 |
| **定　　价** | 28.00 元 |

# 序言
PREFACE

一个能够努力克服艰难的人有权利得到他应得到的，他会得到上帝的庇佑。

——启示录 21:7

祸兮福之所倚。就像蟾蜍，长相丑陋并且分泌毒液，然而，它的身体里却藏着珍贵的药材。因此对于我们的生活，应该抛开那些每日重复又重复的琐事，而去寻找树的妙语，溪水的思想，冥石无言的启示，以及自然万物的精神给予人类的美好启迪。

——莎士比亚

迄今为止也许已有上百万人付钱在吕克昂学府、教师进修学院、俱乐部或其他的聚会上听过关于挫折大学的演讲。其中大概有一千人询问过这篇演讲能否编撰成书，可能更多人已经开始撰写了。

这就是本书的由来。书中的内容是人们在演讲中听到的，或者他们只听到了其中一部分。我花了许多夜晚才整理完毕，最后将其装订成书。其实这并不是我的写作风格，其中很多部分都有些口语化。因为演讲的对象是听众，听众是验证一篇演讲是否成功的关键。

在这本书中，第一人称似乎有点多，与其说这是一篇演讲，不如说是一份自白，因为没有人在自白时会绝口不提“我”。

我的学习才刚刚开始，每一天我都觉得自己在取得进步，对于事物的看法更加透彻，我本应该等到明天再打印这本书，因为我可能会发现更多的不足之处。但这已经是我今天能做到的最好也是最认真的事了，因为大家都已经在期待了。

谨对大家的支持表示最诚挚的感谢！

芝加哥《吕克昂杂志》

拉尔夫·艾尔伯特·佩里特

# 关于本书
# WHAT IT'S ALL ABOUT

没有人能买到教育，也没有人能给予我们教育。

更多的教育是我们在“实践”这所大学中获得的。书本和校园只是为我们提供了学习的工具和场所，其中有些书本和学校是世界上最好的。我们必须学会利用这些工具和场所。只有辛勤地实践、不懈地奋斗、英勇地献身、不断地完善以及最后取得骄人的成绩，才能使我们认识世界、理解世界、取得成功、享受快乐、增长力量，最后学会生活。

“我们中间最伟大的人，应该是我们最忠诚的公仆。”所谓伟大就是肩负更大的责任，服务更多的人。

健壮的臂膀是花钱买不来的，必须通过锻炼来获得；伟大的思想是买不来的，必须通过内在的培养来获得；伟大的人格也是买不来的，必须通过道德上的约束来获得。

挫折大学具备两大功能——阻碍和帮助。我们用一生来学习，因为并不是所有人都具有天生的智慧。我们不知道记住了什么，只知道我们被赋予了什么，为了什么活着，或者当我们被传唤为证人时，什么会被当作证据。

美国何时才能够强大并大步向前，取决于我们培养了多少个“格西”*。我们并没有变老,而是走向永生。我们过去所有的岁月都是为了这一天，我们生命中最伟大、最智慧、最快乐的一天。

当和平、和谐、友爱、明智和理解取代了冲突、争吵和罪恶，我们最终完成了我们的教育。

当我们克服一切困难攀登上了生活的高峰，我们便超越了自己，所有的艰险和阻碍都变成了明媚的阳光。我们站在生命的最高点，俯视一路走来的灯光，在上帝的学位授予典礼上获得了崭新的永生。

---

*格西，书中一个故事中的主人公，是一个典型的教育失败的产物。他从小享尽父亲无节制的宠爱和纵容，结果长大后一事无成。

愿上帝保佑我们

我们只是孩子，一直在成长，却永远长不大

愿上帝保佑我们

继续挑战自我

继续服务社会

继续克服险阻

我们的生活会更长久，更强韧，更开心

我们将获得生命中美好的一切

永远告别烦恼

愿上帝保佑我们

昨天已逝，珍重现在，面向未来

# 目录
# CONTENTS

CHAPTER 1

# 成长与挫折为伴

世界上所有的父母常常这样说："我们这辈子是没有太多机会了，但是我们要尽可能地给孩子们多提供机会。我们的孩子要得到我们所能给予的最好的教育。"

当然也有一部分人认为教育有时是可以用钱买到的，所以当孩子不能考上大学时，他们就花更多的钱给孩子们买教育。

但是更多的人做不到这一点，他们只能为孩子们打开机会的大门，然后对他们的孩子说："师傅领进门，修行在个人。"

他们总是把自己的思想灌输给孩子们，但是简单的给予和灌输并不能让孩子们领会父母的良苦用心，只有当孩子们能够彻底领悟其中的意义才能真正拥有这些财富。

只有通过自己的努力才能使我们拥有身边的一切；只有亲身经历才能让我们领悟其中的意义；只有实践才能出真知。

我们无法不劳而获。

我们不仅仅是从书本中学习知识，更是在挫折中获得进步。

我们都在一所伟大的学校中学习——一所充满挫折的大学。它的操场是整个宇宙，校长是上帝。

在这所学校里，我们能学到自己所需要的所有东西，然后再把我们的所学都写入自己的经验之书。

我们所经历的每一次挫折都是人生中宝贵的一课。在挫折中学习，就可能不会再犯同样的错误，虽然紧接着我们又可能会犯新的错误。如果我们自认为天资聪颖，这是最糟糕的事，这样我们就不能真正理解在挫折中学习的意义，我们会一次一次地犯同样的错误，直到有所醒悟。莎士比亚或其他人的话使我们明白，“每个小挫折对我们来说都深具意义”。

随着我们慢慢长大，会发现自己一共经历过两类挫折——需要的挫折和不需要的挫折。其中有些挫折是在我们意料之中的，有些则是在意料之外。

我们可以以另外一种方式表达，一所挫折大学共分为两个学院——非必要挫折学院和必要挫折学院。

孩子们，或许你们不相信我要说的，我们无法把所有的东西都教给年轻人。你们天性聪明，会知道得更多，但你们也会犯我们曾经犯过的错误。如果你们能够记住我所要说的，在以后的日子里，你们会发现它们对你们的人生有莫大的帮助。

## 非必要挫折

说到这里，我清楚地记起小时所经历的一次非必要的挫折。

当时，我企图使全家人都服从我的意志。那时的我已经四岁，家人围坐在我的周围，我就坐在一把高脚椅上，对周围的一切都跃跃欲试。

高脚椅刚好高出旁边的餐桌，这使得桌上的咖啡壶触手可及。那天，我对咖啡壶着了迷，非常希望能得到那个咖啡壶，真的太想得到了，没有人能理解我当时的渴望。我对自己说："在这个世界上你只缺一件东西，就是这个咖啡壶！"

但在我准备伸手去拿时，却意识到身边坐着一个女人——我的母亲。她是我所知道的最爱管闲事的女人，四年来，我所做过的所有事情她都要插手。那个女人说："别碰！"

我越想越烦躁，这个女人有什么权力总是干涉我想做的每一件事？这种女人掌权的暴政我已经忍受了四年，该让它收场了！（我心里这么想却没有说出来）然后我采取了行动，没有理会她。

终于，我拿到了那个咖啡壶，我毫无阻力地拿到了它。我不仅知道我是何时拿到的，而且知道是从何处拿到的。但这样做的唯一结果是，我将足足一加仑的咖啡全部浇在了自己身上。我想，绝没有哪个淘气鬼弄翻过那么浓、那么烫的咖啡，到现在我还能

感受到它的滚烫！

此后的几周里，我被严严实实地包裹起来。他们在我的身上涂满了苹果酱，还有煤油、蛋青、淀粉等，那些热心的邻居们将所能想象到的治疗烫伤的东西，一股脑儿地涂在这个暂时黯然失色的“小心肝、小太阳”身上。那次因为我用很愚蠢的方法拿到了咖啡壶，同时自己也受到了惩罚。

我的妈妈总是用她自己奇特的方式教育我——“只说一次”。她不会重复她的话，也不会与我争吵。她就只说一句“不行”，然后就自顾自地继续编织她的毛衣，任我为所欲为。奇怪，现在的妈妈们为什么不织毛衣了呢？

妈妈常对我说：“别往坑里跳。”结果往往是她的话音刚落，我整个人就已经在坑里面了，而她甚至都不看我一眼。邻居们经常抱怨我的妈妈对待她天使般的宝贝很残酷，但他们有所不知的是，我是一个多么倔强、多么任性的小东西，这一点只有妈妈知道。她也知道这是教育我最快捷、最有效的方法。

于是，我很快明白了一个道理：如果不听妈妈的话，如果粗心大意，壶里滚烫的咖啡就会浇在我的身上。妈妈不是在惩罚我，妈妈不是那种爱惩罚人的人。整个事件的善后处理当然都是爸爸的事，是他在寓所后面的实验室里完成的。

多年的经历告诉我们，那些非必要的挫折如出一辙，只要你小心，是完全可以避免的。智慧的声音在召唤我们每一个人：“人类的孩子们啊，做正事，走正道吧！你们会越来越明智，越来越幸福。”然而，我们大多数人都不愿永远被胁迫着走上正道。

因为我们总是希望做自由自在、不受道德约束的人。

于是，我们总是偏离正道，总是沿着禁止通行的小道一直向下走去，因为这些小道走起来更加轻松愉快，也更有吸引力。任何时候，向下走总是轻松的，我们只需滑下去；向上攀登却不同，我们要花费力气，付出更多的艰辛和勇气。

这是因为，任何事物如果是向下，就会自动行进；如果是向上，则必须借助外力的推动。咖啡迟早都会洒出来，我们会被烫出满身的大泡，我们会尝到非必要挫折的滋味。如果你现在还没有遭遇过，你早晚会遇到。

我以前常常把这种挫折称为坏运气，现在我才知道这些都是对我们的惩罚。“吃一堑，长一智”吧！有一次，我付给一个看相的女人两美元，让她看看我的手相。她说：“这不是你的过错，而是你的出生时辰不佳。你出生时，头顶正悬着一颗黑煞星。”天哪，你们不知道这句话给过我多大的安慰！因为那都不是我的错，只是因为命理不好我才会那样。但现在我明白了，我们每个人都会遇到挫折，但幸运的是我们能在挫折中吸取教训。这样以后我们就不会在同一个地方摔两次跟头。如果再次遇到同样的困难，我就会想："这个问题我好像在哪儿碰到过。"然后将其避开。

如果你在生活中随波逐流，就会走下坡路，你不得不克服阻力向上前进。而且你注意到，所有放任自流的事物，都是向下的。我想再次重申，任何事物只要是向下，就会自动滑下去；而要向上，则必须借助外力的推动。看看那些教堂、学校、演讲大厅、夏令营、社会改良以及一切向上的活动吧，它们从来都不是自觉的，都必须借助外力的推动。

人生就是一部关于浪子的记录。对于父辈们留下的那些经验，我们充耳不闻，独自闯世界。在这条乳白色的通往未知世界的宽阔马路上，正步行着成千上万的浪子。他们可能正在一个永远没有幸福的地方寻找幸福，日子充斥着失望和空虚。随着他们不断受到挫折，就会开始思考自己的道路。一旦他们学会了思考，就会发现自己的生活是多么的空虚和无聊，毫无长进，于是就会产生浪子回头的想法。但是魔鬼总是让他们沉溺于他们的生活，不去思考他们所走的路。如果他们没有学会独立思考，你就帮不了他们。想让一个年轻人思考不是件容易的事，他们总以为自己天性聪明，能避免那些使千千万万的人栽过跟头的陷阱和挫折。他们一心想拿到咖啡壶，他们不可救药地向下滑去，沉溺于他们的生活。

## 必要挫折

在我们的一生中都会遭遇到自己想不到的挫折。

这些挫折可能会主动来找我们，它们甚至要将我们击碎。它们给我们重创，或许我们不会从这些创伤中恢复。但迟早我们会明白这些挫折都是我们需要的，因为我们只有在挫折中才能成长，我们必须克服这些挫折。

一天，我走在明尼苏达州杜鲁司城北大约 100 英里外米萨伯镇的小路上，看到地上有一个巨大的洞穴，约半英里那么长。许多蒸汽式挖土机正在从洞里将我认为是红泥的东西挖掘出来。“你好，先生，他们为什么将红泥从那个洞里挖出来呢？”我问一个当地人。

“那不是红泥，是铁砂，这里是世界上最好的铁矿。”

“铁砂有什么用呢？”

“在这儿它毫无用处，所以我们得把它运走。”

其实这样的“红泥”到处都有，但只有将它们换个地方，将它们送入“挫折大学”进行淬炼，它们才会成材。

此后不久，在宾夕法尼亚州的匹兹堡附近，我看到了这样的

“红泥”。它们经过湖泊，沿着铁路被运进了鼓风炉——我们常说的“非必要挫折学院”。

我在碾磨机里看见了它们，里面混有石灰、木炭和其他混合材料。然后，人们将碾磨机密封起来，开始“上课”了。这些红泥不断地接受着烘烤，这绝对不是一件简单的事。直到烤熟了，人们才停下来。

你们注意到了吗，人们总是把东西烤熟之后才肯停下来。如果我们仍在接受烘烤，就说明我们还没有被烤熟！

然后，他们将“学院”底部的插销拔掉，举行晋级仪式。红泥喷涌而出，流进沙子里。现在，它们已不再是红泥，因为它们已经被烘烤过了。此时，它们已成为学院里的一年级新生——生铁。它们远比红泥值钱，因为它们经过了提炼。

部分“生铁”进入另外一个“系”，一座巨大的冶炼炉。在那里，它们再次受到磨炼，结业后变成二年级学生——钢。

钢可比生铁值钱多了。

部分二年级学生继续升级，再次遭到磨炼，并被轧成薄片，成为三年级学生。之后，其中的一部分再次升级。每升一级，就要遭受更多的锻打、烘烤和磨难。

我好像听见红泥在哭喊：“噢，救命啊！救命啊！他们要杀了我！我再也无法忍受这种痛苦了！他们为什么要带我离开地上的那个洞穴，我幸福的家乡？他们为什么要打我，为什么要伤我的心？我一直是安分守己的呀。噢，他们为什么还要烘烤我？噢，这一切真让我无法接受！我要是再回到地下没人会认得我了！”

然而，他们最后却给它们颁发了一张张文凭，一张可以说明它们的烘烤程度的价值标记。如果那些红泥还在地下埋着，是没人会要的。

它们被烘烤之后，大家争相购买。它们被烘烤的次数越多，价钱就越高。它们被运往世界各地，放到橱窗里，许多人过来欣赏它、称赞它：“真是好东西呀！”如果一吨红泥被做成手表上的发条或剃须刀片，其价格高达上万美元！

同病相怜的人们啊，在我们变成美丽的玻璃杯前都要经受撞击和烘烤。煤炭和钻石的区别在于是否经过了提炼和烘烤，没有坩埚中的痛苦折磨，就不会有结晶的钻石，不经过人生的危机就不可能成为伟大的人。

让我们为必要的挫折干杯！实际上每次挫折都在提升我们的价值。

## 众河之父密西西比河

让我们再回到明尼苏达州。

那里有一条银色的小河，人们都称它为艾塔斯卡湖。在那个地方有一条小溪奔向那个湖。

“那是什么小溪？”有人问正在划船的吉姆。

“小溪？”吉姆嘲讽地说，“那里没有小溪，那是密西西比河！”

密西西比河是众河之父，是由小溪汇聚而成的。密西西比河从发源地出来时就像一个刚出生的婴儿，而我们这里就是密西西比河发源的摇篮。它摇摇晃晃地从摇篮中走出来，就像是刚出生的牛犊一般跌跌撞撞。它不知道自己去往哪里，但是它已经上路了。

它穿过县城，来到我们早晚都会来的地方。那是以色列开国君主——扫罗前往大马士革的道路。那里同样遍布坎坷。我们知道我们将要去那个地方，如果你还没有听到召唤，请仔细聆听，一个低沉的声音在召唤：“穿过明尼苏达州的小溪，你想长大吗？那你必须去南方。你想成为众河之父吗？那你必须去南方。”

小溪听了话，就一路奔流去向南方。它走后你就不会再遇见它了，它不停地向南方进发：“对不起，我不能停止，我必须一直向南。”

它目标坚定而执着。

它一心向往南方。它的生命中只有一个目标——向南方进军。

它从明尼苏达州的北部出发，就像一个充满幻想的小男孩或女孩被召唤着去做些什么事。“再见，伙计们，我要去南方了。”它的耳边几乎同时传来不同的声音：“密西西比，你为什么要去南方呢，你没有足够的水走出这个县城。你待在那别动，我们知道你的想法。”“这不是木匠的儿子吗？”

但是密西西比并没有想要走出县城，它只是努力到达南部。它没有很多的水，但它不想等到亲戚去世时把遗产——水留给它。它带着仅有的水上路了。它不知道自己距离那个海湾500公里。其实，你和我都不知道未来的目标有多远，我也很高兴我们不知道未来要面临的挣扎和挫折，但是有一件事很明确——我们知道自己的方向在哪里。

我们都有足够的水上路！

密西西比第一天就遇到了一条小溪。小溪与它汇合，于是它拥有了更多的水。第二天它又遇到了另外一条小溪。一路上它和许多小溪、河流、湖泊汇合。生活就是个积累的过程。

在前往南方的路上，它每天都在不断地壮大。现在你可以听到后面又会传来另一种声音：“我早就告诉过你们，密西西比是可以到达目的地的！”

在你成功之后你总会听见那句话。你还总是能听到他们说你生来就很幸运。家乡的人也是最后才承认你的成功的，只有当外面的世界将成功的标签贴在你身上时，家乡的人才会热烈地赞扬你。

通常来说，你可能等不到你的家乡人为你戴上花环的那一天。

难道你不为密西西比最终去了南方而感到高兴吗？如果它去了别的方向，它早就迷失在森林里了。

密西西比到达了明尼阿波斯利和圣保罗。这两个姊妹城应该敲锣打鼓地欢迎密西西比，因为这条河给他们带来了富裕的生活，密西西比使他们的磨坊拥有世界上最充足的电能。但是，这两个姊妹城的态度就像人们对待你我一样。

你注意到了吗？我们帮助过的人，他们一般都很少懂得感恩。

不要期待被感谢，也不要因此而悲伤。

与人为善会使你感到高兴，但是不要盼着别人回报你。每次期待都是在伤害自己。这一点我体会得更深，因为我曾经期待过。

我们只要按我们的原则做事，而不要因为别人会感激你而为他们做事，就像太阳不会因为照耀大地而期待大地的感激一样。

这话说起来容易，但做起来太难了。

明尼阿波斯利和圣保罗以恶来报答他们的恩人。他们把装西红柿的罐子、不要的垃圾和一些破旧的东西扔进了密西西比河。

密西西比并没有退缩！

密西西比也没有向人们诉说它的烦恼。它没有说：“没人感激我，我的才能没有得到认可。我不会再这样仁慈地对待他们了，我不想继续前行了，我要返回艾塔斯卡湖。”

相反，它这样说：“谢谢，姊妹城，感谢你们给予我的每一次帮助。”

如果你沿着明尼阿波斯利和圣保罗向下走几公里，你会看到奇迹。你会发现密西西比河是如何对待这些挫折、诋毁和毒害的。它用大自然的一些方法将它们净化，使它们成为自己的一部分。密西西比变得更强大，继续向南方挺进。

## 坚定信念，继续南行

啊，密西西比，我发现了你成功的秘密。

我发现了你是如何成为众河之父的。因为你一直坚定信念，向南挺进。人类文明密谋着要战胜你，芝加哥的排水污染了你，一些小溪联合起来企图污染你。这些红泥、蓝泥、棕泥都想污染你，但你日复一日地接受它们，净化它们，使它们成为你的一部分，你的力量与日俱增。

什么都不能挫败你、污染你、转移你的方向。人们在基奥卡克修了一座大坝要拦截你，但你提高了水位冲了过去，你的这种努力为他们提供了电能，点亮了村庄里所有的电灯。

你让我们看到，能量来自于顽强的抗争。

一天，火车停在路易斯安那州密西西比河的附近，河上没有桥，我们不得不把火车装到船上渡过这条河。

这条高傲的河现在足有一英里宽，匆匆地奔向河湾，让人感到敬畏。我闭上眼睛，想象着这条来自明尼苏达州的小溪一直奔向南方。

噢，众河之父，你在为胜利而奔波！你赢得了伟大的胜利，你以宽广的胸怀接纳了所有的人。我知道这是为什么。在明尼苏达州你就选择了正确的航道，学会了如何面对挫折这一课，在前往南方的道路上你从未停息。

我们必须选择正确的方向，永不停息地奔向南方。数不清的河流和小溪受到我们的影响而加入我们。无论是谁都不能阻止我们前进。我们必须战胜它们、面对它们，使它们成为我们的一部分，并让我们变得更强大。

上帝的承诺就是去战胜。世界上的万事万物都是战胜者。没有人愿意成为逃避者！

我们每个人最初都想像密西西比河那样，坚定信念，一路向南，不畏艰难险阻。但是在这坎坷的路上，我们中有很多人或是停在了明尼苏达州的森林里，或是停在了姊妹城，或是停在了基奥卡克市，让困难阻止了我们前行的脚步。

# CHAPTER 2 80 年磨一剑的摩西

一天，火车中途停车取水。

铁道边有一家杂货店，店前面摆着一排桶，里面装满了苹果。有一只桶里的苹果又大又红，还很圆润。上火车前我快步走了过去，匆忙中在那个桶里挑了挑，买了一大袋。

开车之后，我往袋子里看了看，居然发现袋子里的苹果并不像之前看上去的那样，又大又红，长得圆润了。原来只有桶最上面的一层是又大又红还很圆润的苹果，一定是店主为了吸引顾客，故意把个儿小的苹果放到了下层。总之，他卖给了我一袋最差的苹果。买东西的时候被骗，这样的事平时我们听得太多了。

渐渐地，我平静下来，开始反思自己的想法。店主是故意的吗？难道店主每天都要花费精力把大的苹果挑出来放到上面，把小的放在下面来欺骗顾客吗？你认为他会这样做吗？在你身边有这样的店主吗？

哦，可怜的店主啊！我冤枉你了。我突然明白，其实店主并没有故意把大的苹果放在上面而把小的放在下面，因为根本没有这个必要。所有的一切都归因于那个桶，它是晃来晃去的，没有被固定。

记得小时候我的玩具盒里曾有一些大小不一的石子，大块的经常被晃动到上层，而小块的则落到了下层。我还注意到，当大小不一的东西放在一起的时候，大的往往会向上摇动，而小的则向下面摇落。

在我的老家，有一位高速公路承包商，就是因为忽略了这一点而吃了大亏。他在与别人签订的合同中被要求用小石子铺路，由于工期紧，他就用大石块铺垫在了路面的底部，而在上面盖了一层小石子。结果在他向对方收钱的时候，大石块已经全部窜到了路面的上层，由于施工没有达到事先的要求，所以他一分钱也没拿到。

你们明天也可以试一下，把大小不一的石块放在一起，摇一摇，晃一晃，然后你就会发现大的石块会跑到上面，而小的则落到了下面。

我以前曾经赶着那种底卸式的马车将苹果送到苹果酒场，当时我并没有把苹果按大小分堆，只是随意地把它们堆在车上，然后就上路了。你知道那是什么样的路吗？木排路。就是将树干并排横铺于湿软的地面上形成的路。就是在这样的路上，马车需要行驶四英里半。

你能够想象行驶在木排路上的感觉吧？哦，那种颠簸简直像诗歌一样，美极了！马车在一根根树干间颠簸着，车上的苹果也跟着不停地起伏。

当我到达苹果酒场时，显然那些大而圆润的苹果窜到了上面，而那些小苹果则堆在了下面。

表面看起来，那些大的苹果运气很好而那些小的则运气很差。同样的颠簸，是好运气还是坏运气取决于苹果的大小；同样的颠簸，小的苹果被撞到了下面，大的则被挤到了上面。这不取决于撞击的力度，而取决于被撞击者的大小！

这里正好有两个苹果，一大一小，它们紧挨着，可能是一对兄弟。它们受到了同样的撞击，小的那个运气很差，被撞到了下面，而大的运气却很好，被挤到了上面。

噢，小苹果啊，我真为你感到遗憾。但是，这是你自己的错。你为什么不长得大一点呢？你这个小不点儿，大叫着“我永远没有机会”，“人们从来都没有正确地使用过我”，却从来没有想过自己应该长大点儿。试一试吧，去获得更大的能力。很快，这曾经把你撞下去的坏运气就会变成好运气并把你挤上去。

## 一席之地

感谢我亲爱的苹果。

其实，我们每个人都是生活这个大桶里的一个个苹果，在去集市的路途中被颠簸着，而这条路就是木排路。每天我们都被摇晃着、碰撞着。所有的生命都遵循适者生存的规则。邮局、布道场、教室、商店、小卖铺、办公室，我们要颠簸着经过每一个地方。这告诉我们，无论是谁，若想拥有自己的一席之地，就必须具备相应的实力，否则便无法立足。没有立足之地，人就会变得彷徨。

越是彷徨，就越是无助。久而久之，个人的生存空间也会越来越小。

如果有一天人们能够凭借努力使自己不断强大起来，自然而然就能获得越来越大的施展空间。这对每个人来说都是公平的。

木桶里的大苹果、小苹果、斑点苹果、绿苹果和干苹果，实际上折射出了我们整个人类的生存状态。

我们不应当做盲目命运的受害者，也不应当做仅靠机会生存的生物。在我们成长或拒绝成长之间，我们用双手的力量去决定我们的命运。

有些人很幸运，出身贵族，又颇受大众青睐，他们是在名人堆里开始自己的人生的。还有一些人则出生在树冠底部的树枝上，根本没有机会与高枝上的人相提并论。每当他们仰望那些顶部的树枝时，常常会泄气，然后说："噢，我要是也有他那样的机会就好了！要是我也生在那样的高枝上就好了！那样我也将有机会得到更多的东西。可是我长得太低了，得不到阳光的照射，更没有好运眷顾。"

但是，别忘了，我们都会成长。我们虽然长得低，但可以长得很粗壮。

我们最终都会在同一个大桶中，在通往未来的木排路上一起颠簸着。到那个时候，人们不会问："你是在哪个树枝上长大的？"更多的会问："你个头有多大？"

## 积极进取

环顾我们周围，在每个群体、每个企业里，我们都会发现这个生命之桶正在根据我们的"大小"挑选着我们。

很多女孩在同一个城市工作，有些人已经在那里工作了两年。其中有位年轻、青涩的荷兰乡村女孩，第一次在城市的办公室里工作。当然，她做的是最底层的工作。其他女孩都嘲笑她："她也就配做这样的工作！"她们是对的，她犯了很多错误，但同样的错误她从未犯过第二回。每当她遇到挫折，都会汲取上次的教训。

对她来说，从来没有“任务完成了”这一说法。每当她完成自己分内的工作后，总是要看看是否还有其他工作要做，然后就毫不迟疑地去做。其实那些工作并不是她必须要做的，她有着全世界都视若珍宝的主动品质。其他女孩总是在说：“任务完成了。”也就是说，她们在完成手中的工作后，会一直被动地等待下一份工作的分配。

她们的脑筋一定是生锈了。有时我真的认为“傻瓜”比“笨蛋”更糟糕。

我们再来看看那个荷兰女孩。在这三个月里，当办公室的其他女孩都在忙着议论这个荷兰女孩的时候，她所了解到的企业知识比别人用两年时间学来的都要多。也就是说，她成长得比其他人更快。那么剩下的事情就交给生命之桶了。在这个大桶里，她在颠簸的过程中凭借自己的实力被摇晃到了其他女孩的上面。如今，其他人不得不听从这个小女孩的命令，因为她已经是这家公司的主管了。

其他女孩因此感觉受到了伤害，她们会告诉你：“这世界没什么公平可言了，珍妮本应该得到这个主管职位的，她已经在这里工作两年了。”可是你知道吗？珍妮没有这位荷兰小妞成长得快！

## 不思进取

前几天，在一家造纸厂里，我站在一个长长的制造闪光纸的机器旁边。

我问了那里一位正在工作的员工一些关于机器的问题，他回答得非常好。然后我又问了他一些与隔壁房间里的机器相关的问题。他回答说："老板，我不在那里工作，对此我一无所知。"我又问了他有关另一台机器的问题，他给了我同样的答案。当我问到有关另外一家造纸厂的问题时，他的回答依然是："老板，我不在那里工作，我不知道。"

"你在这里工作多久了？"

"大约 12 年。"

走出这幢楼，我问他的上司："兄弟，你看到那个站在造纸机旁边的工人了吗？他是人类吗？他是怎么回事？"这位上司的脸立即阴沉下来："我实在是不愿意提起这个人，他是这个工厂里心肠最好的工人之一，我真不想告诉他即将要对他做出的决定。他不去学习，也不尝试去学习，好像也不关心是否应该学习，我们真害怕他会把机器弄坏。我们必须让他走，不能让他再在这里工作了。"

这都是因为他已经开始原地踏步了，"逆水行舟，不进则退"，停滞不前终将被社会所淘汰。

现在我们的生活大都是一成不变的。你、我还有每个人都必须重复地去做很多相同的事情。我们每天都有大致相同的职责。但是，如果我们继续在同一个地方以同样的方式去做相同的事情，而没有任何提高，我们很快就会枯萎，最终被淘汰。

我们必须不断学习、不断成长，来确保我们已有的位置。农民每年都必须以一种新的视角来耕种，否则作为农民他们就无法保住自己的位置。同样地，商家必须学习新的方式来进行销售；母亲必须用更宽阔的视野来处理家务；传教士必须获得新的思想，否则他就不能再待在他的布道坛。

因此，我们必须不断地成长以保证不会被淘汰。

任何人年复一年地待在同一个地方，都是会有疲劳感的。

像密西西比一样，我们不会停止向南前行。孩子们，当你们从大学毕业，千万不要感觉你已经完成学业了，否则你将会被淘汰。

当我听到有人说："我不用你告诉我这告诉我那的，我什么都懂。"这时我知道他离被淘汰不远了。当我听到有人说："我有了自己的工作，公司可是离不开我的。"可怜的家伙！我知道这样的人马上也会被淘汰了。

我们必须不断地成长，否则等待我们的就是被淘汰！

## 积攒实力

我们年轻人慢慢长大，逐渐有了自己的生活，他们渴望得到广阔的天地。如果一个年轻人不渴望拥有广阔的天地，我是不会给他机会的；如果一个年轻人没有雄心壮志，我也是不会给他机会的。

获得广阔天地的唯一方式就是去争取它、追求它、得到它！有些时候你可能会在追求的过程中觉得疲惫不堪，无法继续前行。这时候就应该让“他人推荐”发挥作用了，它能给你些许前进的动力。只要我们坚定信念，就一定能够有所成就；而一旦信念动摇，我们就会犹豫不决，自我怀疑，最终一无所成。

成功之路并不是想当然就能到达目的地的，正如男孩子并不是穿上了爸爸的皮靴就会成为男子汉一样。他在爸爸的皮靴里是站不稳的。在他能真正穿上这双皮靴之前，必须先让自己的脚长大。所以努力先让自己长大吧！

我们只有充实自己，使自己具备了成功的实力之后，才能走在通往成功的大路上！随着我们的实力不断增强，我们也会不断提高自己的位置。就像桶里的苹果，只要你是大苹果，一定会在颠簸之中越来越靠上。位置的高低就说明了我们实力的大小。

在谈到“他人推荐”时，请小心了！推荐越多就意味着实力越欠缺。他人推荐只能是一种辅助力量，主要还是要靠自己。

实力稍有欠缺的人通常希望自己能够通过他人推荐的方式走走捷径，使他们能更容易地拥有广阔的天地，并且在激烈的竞争中战胜自己的对手。当他们仅凭推荐而战胜别人的时候，推荐他们的人可能会欣慰地说：“推荐对他还是有好处的。”其实这样很危险。你帮助他爬得越高，他就会摔得越狠，甚至可能折断他的脖子，要了他的命。到那时推荐人就成了凶手。

不，孩子们，当你们来到生活中的时候，不用过多担心自己所在的位置，只需为你现在的位置做好准备。然后，随着你准备得越来越充分，一切也就水到渠成了。你要在心中对自己将要做的事情了如指掌，然后你就一直努力吧。在你的耳边会有个声音不停地说：“奔向南方！”于是你奔向南方！当你走上这条路，在遇到第一个漩涡的时候，别犹豫！勿胆怯！跳进去！经历了这些艰险之后，你必将获益良多。

这并不意味着你会有很强大的感觉，而是意味着你在工作中要付出更多，了解更多，不管他们给不给工资。之后你会发现，吞噬着你的漩涡反而让你的实力与日俱增。在生活这个大桶中，你的位置也会越来越高。

不要担心你的薪水，一切要顺其自然。没有人总是会拿高薪，也没有人总是保持低薪。

我们薪水的多少要看工作如何，而不是看信封大小。

我们有多成功就有多快乐！

## 功到自然成

当人们抱怨“我不受重用，没人给我机会”的时候，为什么不回顾一下他们是如何度过那些逝去的日子的。

以前，我总是带着晚餐路过比尔巴洛银行。我在银行那个一天只有 1.15 美元工资的部门工作。我在那里混着日子。上班的时候总是盯着墙上的表，盼着早点下班。每每下班铃声一响，我就放下手中的一切，不管手中的活有没有做完，都会健步如飞地离开自己的办公室。我仰望着这家大银行，看着那些红木家具，愤愤不平地抱怨着：“我本应该拥有这家银行，因为我天生聪慧，可是现在我这样一个有才气的青年却如此落魄！不公平！我若是出身富豪，肯定也可以经营这家银行。”

你有没有听过类似的抱怨？有这样抱怨的人总是会在他的位置上混着日子，从不积极进取，反而总是怨天尤人。

我并不是说银行工作就会比手推车工作更好，但是当我丧失了信心的时候，我就会犹豫不决，萎靡不振。

回首过去，我庆幸自己没有拥有这家银行。假设我实现了自己愚蠢的梦想，就像童话书里喜欢讲述的一个庄稼汉被施了魔法变成了国王之类的故事。假设他们已经把我变成这家银行的主席，那我的位置一定是摇摇欲坠的。这样的位置对我来说是坐不稳的，我肯定会摔下来，然后又重新变成渺小的人。

回首我这一生，我很庆幸在自己年轻的时候没有得到那些梦寐以求的东西，那些都是水中月、雾中花，是曾经烫伤我的那个"咖啡壶"！感谢上帝！在我们有能力操纵那个咖啡壶之前绝对不要去碰它。

那些喜欢划分等级，想要把桶上下颠倒，以便使那些底层的人得到一个机会的人们，应该坐下来静静地思考这个问题了。底层那些尺寸小的人们只要愿意成长也是会有机会的。来回颠倒大桶自然会将小的晃到上面而将大的挤到底部，但是别忘了，桶是不会停止摇晃的！

这样做的结果可能还会导致一场巨大的社会震荡，结果会像之前一样，桶会重新把小的跌到下面，而把大的晃到上面。

国会法案是不可能让所有苹果大小一样的。

如果你想修复木桶，省省吧！那还不如修补桶里的人们，告诉他们如何才能变得更强大，如何增强自己的实力，这才是"上去”的唯一办法。

今天的你和我或许已经得到了昨天无法拥有的一切。想想昨天我们是多么希望能够拥有它们啊！但是，残酷的命运不让我们拥有这些。今天，我们却很自然地拥有了它们，那是因为我们已经做好了准备，于是这个“桶”把它们带到了我们身边，一切都水到渠成。

今天的你和曾经的我一样，梦想着拥有现在无法拥有的一切，迫切的心情难以言表。但是，残酷的命运不会让我们马上拥有这些。

所谓“残酷的命运”其实就是我们“不够大”，实力不够。如果我们能够长得更“大”，具备了相应的实力，我们就会得到它们。我们只能拥有我们今天能够拥有的全部，多了反而会将我们毁灭。

只要我们足够强大，就没有什么能阻止我们去实现自己的梦想。

## 80 年磨一剑的摩西

生命是准备，而不是追求。

你见过那些苦苦追求的人们吗？到最后，他们都会哀号："它们打倒了我！"我们不需要追求。我们只需要时刻准备着，尽快做好准备，当属于你的东西来临的时候，它们会对我们说："我们在这里，请接受我们。"

伟大的事情都不是一夜之间干成的，它们都是在人们做好充分准备之后到来的。

摩西直到 80 岁时才开始了他真正的工作，他用了 80 年为之后 40 年的工作做准备，80 年的准备造就了摩西。

耶稣用 30 年的时间为三年的工作做准备，30 年的准备成就了耶稣。

那么现在，你们觉得自己应该准备多长时间呢？

南瓜长成还得一个夏天呢！

如果等不了那么久，那么就只能振作起来长成矮小的蘑菇了，蘑菇在一天之内就能长成。

如果总是这么着急，你是无法成长为参天大树的。不成长，也就意味着无法生存！

摩西的故事刺激了我。我在芦苇草里看到了希伯来的小宝贝摩西。我看到法老的女儿也来到这些芦苇草里。"噢，这是摩西，我的小亲亲，快把他抱进我的豪华轿车里！"我看到他们把小摩西从芦苇草里抱出来放进了小轿车。

他们为摩西涂上香料“洗礼”，喂他美味的食物，给他穿可爱的小衣服。嗯，嗯，摩西，你看起来太漂亮了！你就是为这样的生活而生的。你现在不需要做任何事情，只需要每天戴上手表围着宫殿走走，看看相簿，抽点印有你名字首字母的香烟！多么美妙悠闲的生活啊！

如果摩西曾留在那个宫殿，他后来就应该是一个既漂亮又丰满的木乃伊。摩西本应是在 Q 区右数第 39 排的第 17 个木乃伊。

摩西及时脱下了礼服。他不停地往南走。他离开了骚乱不羁的宫殿。他走进了沙漠，来到了挫折大学，接受艰难困苦的洗礼。经过 80 年的努力，他使自己摆脱了吝啬、自私和谋杀，这才使他能够指引儿童穿过以色列的荒野。这位伟大的立法者不得不穿越红海到达西奈，并在到达尼泊山之前年复一年地奋斗。

## 起步阶段

我们中的大多数人都会在困惑中死去。

我们赢得了一些读者，也算小有成就。这种成功其实是不值一提的，但是身边的朋友却蜂拥而至祝贺我们。他们说我们已经到达了胜利的终点，而我们相信了他们！

还没离开明尼苏达的丛林呢，我们居然就认为自己已经抵达了墨西哥湾。我们停止了继续向南前进的脚步，这个世界充满了木乃伊的吱吱声："我是成功者。你们没看到我这个成功者吗？你们为什么不为我欢呼呢？这里有关于我的新闻评论，我是成功者！"

成功是如此让人难受，与一次成功相比我们更能忍受十次失败。保护自己，不受敌人的伤害是一件比较容易的事。但上天却让我们从愚蠢的朋友那里拯救自己！

一般而言，一个人如果说自己是一个成功者，那他就没有成功。一个成功者会告诉你他希望明天也能够获得成功。

满足于眼前的成绩就是患了昏睡病。世界上有两种类型的人，聪明人和傻瓜。聪明人和傻瓜的区别就是傻瓜认为自己已经毕业，不用继续深造了，进而就被淘汰了！

有一天，我在一家音乐商店里看到了新款爱迪生留声机。记得早在19世纪70年代，当我还是一个男孩的时候，我看到的第一个留声机像锡箔大圆筒*一样在吱吱地响，而且很不流畅。今天你绝不会想用它在机器房里为你的福特汽车演奏一曲。但是，这个世界说："太好了！太好了！爱迪生先生成功了！"每个人都

---

*锡箔大圆筒，指留声机圆筒，是最早的录音及放音媒介商品，原理是用锡箔包裹一个金属圆筒，用曲柄螺丝手动，在留声机上记录及播放清晰的声音。

认为爱迪生成功了。

他的名字就是托马斯·爱迪生。在他向南前行的路上并没有到达圣保罗，但他没有停滞不前，而是在成功的路上继续前行。他夜以继日地工作，做了数以千计的实验。今天，在他已经成为世界上最伟大的发明家之一的时候，如果我们能够把他带到这里，并问他："猛龙公园的鬼才，你有没有成功？"我相信他会说："我的朋友们，我才刚刚开始做我想做的事情，我今天所做的一切只是把我推到了更高的地方，让我看到明天还有更多的事情需要去做。"

每位经验丰富的老者（如果他是在生活，而不只是生存）都是准备得最充分的人，并且他会说："我才刚开始学习。"

在生命中你走得越远，你就会越欣赏牛顿曾经说过的话："我不过像是一个在海边玩耍的孩子，不时为发现比寻常更为美丽的一块卵石或一片贝壳而沾沾自喜，而对于展现在我面前的浩瀚的真理海洋，却全然没有发现。"

没有什么事情是完美的，它一直处于演变的过程中。

而成功的人也只是在永不停息地工作。

## 埋葬自己

摩西为了他的工作准备了足足 80 年。他的工作也等了他 80 年。在这 80 年里以色列的子民一直盼望着有一个摩西式的人物出现，但摩西那时还不够伟大。

你和我都没有必要去寻找工作。因为工作已经为我们准备好了，一直在等着我们，等我们有能力去胜任。每个人都会有自己的工作，但很少有人能坚持不懈。

如果摩西在 79 岁时就退休了，那我们永远都不会认识他。

我能说的就是，希望我们能够好好地把握今天。你和我都只是上帝的孩子，学习着如何生活。让年轻的男女相信他们的人生才刚刚开始很容易，但要让我们这些年长的男女也相信这一点就困难多了。

当我们两鬓渐白，头发还时不时地脱落时，我们会说："我老了。"而我们就真的变老了，越来越老。这是自我暗示的结果，我们会变得与想象中的一样老。年龄不再与新生有关，而是分分秒秒都在逝去。

于是我们叉起双手不再工作，对自己说："我已经度过了最好的时光。"然后剩下的日子，我们只是在推迟自己的葬礼。

实际上，每当我们说"我的工作完成了"的时候，就相当于殡仪馆的工作人员也为你做好了准备。

摩西生活在一个嘈杂的“青年人时代”，80 岁时他第一次登上了报纸。当他自命为以色列首领后，他的时间好像突然都变成借来的了。

我看到摩西的朋友围在一起侮辱摩西：“摩西！摩西！我们没听错吧？你要带领以色列人走向乐土？为什么，摩西，你是一位老人。你现在的每一分钟都很危险！给你一双拖鞋，别待在这里，休息去吧。老人干不了这个。”

我听到摩西说：“不！不！我才刚刚开始。你们就等着看吧，我的机会已经来了。以色列的人民，出发吧！”

八旬的摩西开始在荒野中快速地前行，连亚伦都很难跟上。

摩西在 85 岁时，比以往更加繁忙，更加富有热情。人们很惊讶：“摩西还没有死吗？”他们回答：“没有。”“他为什么还没死，他早就应该死了。”

他们任命了一个委员会来埋葬摩西。在美国，如果没有委员会，你就什么事情也做不了。委员会安排下星期四举行葬礼，并发出了请柬。然后委员会拜访了摩西，拜访是每个委员都要做的事情。

委员们来到了摩西的私人办公室，摩西很忙，他们必须排队等待。当他们来到摩西的桌前，摩西说："孩子，什么事情，尽快说，我非常忙。"

委员们哭了："摩西先生，你为什么不听我们的呢。你已经85岁了，应该安息了。我们委员会正式被授权为你安排一个华丽的葬礼，葬礼将于下星期四举行。请安息吧！"

摩西想了想："下周？孩子，下星期四没有时间。我参加不了！"

他们不能埋葬摩西，因为他自己不能出席，他们无法埋葬一个因为太忙而不能出席自己葬礼的人。没有经过同意，他们也不能埋葬任何人。这是不礼貌的！

委员们备感羞辱。葬礼的请柬已经发出去了，而摩西却不出席！有人见过这样怪异，这样不识抬举的人吗？

委员们等待着。这也是他们的工作！

摩西到86岁时，还是比以前更忙。委员们问："摩西，下星期四你能参加葬礼吗？"摩西说："不，孩子，我非常忙，甚至都没有时间考虑生病。你们必须等。"

委员们只好继续等。等到摩西90岁时，他一个人正做着需要十个人才能完成的工作，朋友们都说他是在自讨苦吃。他让委员会等着。

一直到他95岁，100岁。委员们都相继去世了！

摩西仍旧高喊："前进！告诉孩子们让他们继续奋斗。"到了110岁，120岁，他的眼神没有黯淡，仍旧充满活力。

委员们都已经死光了，只有上帝来埋葬他了！

噢，朋友，这不是不敬。这是快乐的敬仰，是摩西传达给你们的我的信息。我们热情地忙于工作，能够看到还有很多未完成的工作，我们有时还会愚弄委员会，但是上帝最终也会埋葬我们。

## 伟大的秘诀

不要错误地认为拥有尖端武器就意味着拥有了世俗的荣誉；不要以为拥有手段就会得到物质财富；不要以为只有少数人能够成为伟人，每个人都有权利和能力成为伟人。

想想那些曾经被人们取笑的伟大作者，其实他们才是最重要的基石。现在看来，我找到了问题的答案。

耶稣有几个弟子。他们都想成为伟人。詹姆斯想成为国务卿的秘书，约翰想成为邮政部的经理或者拥有类似的职位。他们为了追求成功而整天忙碌着，却忘了为成功的到来做好准备。他们要求母亲支持他们，并且来到上帝的面前说："上帝啊，我们希望能为您效劳，成为您的左右手。看！家人都支持我们！"

上帝说:“孩子们，你们太天真了！”他继续说，法国国王詹姆斯曾经说过:“你能像我一样喝酒,像我一样接受洗礼吗？”“无论你们当中谁成了部长或者首领，你们能够领导我们吗？”这意味着，他们并没有做好准备。

你相信吗？你能否真正拥有幸福、成功、伟大和高贵的生活取决于你是否能够接受智者的忠告。

两千年来，人们拒绝着智者。人们疯狂地想得到荣誉，但最终得到的都是虚荣!

伟大不是得到，而是给予。

伟大不是指所肩负的重任，而是承受压力的能力。

伟大是无私的奉献。

## 如何变得伟大

寡妇把她的两个孩子送去政府部门工作，主管说还有一个更有钱的人同样送来了他的孩子，“这个可怜的寡妇使出了全部的力量，倾其一生所有，我想没人能比她付出的更多”。这位寡妇很伟大。

我们每个人都有各自的天赋，或多或少。可能是厨艺天赋，可能是工艺天赋，还可能是政治天赋。这都是我们能够做到的，与我们的工作无关。

我们运用自己的天赋，全心全意地用双手去工作，我们就会成为最伟大的人。

没有什么比让我们做自己喜欢做的事情更有成就感、更高兴和更感荣耀的了。

不必担心有的事情我们无法完成，只需尽心做好自己能做的事情。控制这件事或者服务这件事，结果都是一样的。

我敬仰那些有所作为的人。可我不知道这里谁能胜任，也不知道会有谁来胜任。但我知道能够胜任的人会用热情和忠诚来完成工作。

你会觉得当我在谈论谁会成为伟人时，我是在轻蔑小人物，但是你要看到那些小人物都是不愿意奉献的人。上帝会祝福那些能够战胜自我、克服困难的人，而不会祝福那些游手好闲、逃避责任和自私自利的人。

人们常说有些人是金子，有些人是银子，但是我们大多数人都是铜。但当我们通过无私付出得到应有的一切后，我们就会变成金子。自私只能使每一份工作都变得枯燥，我们只有全心全意地付出，工作才会变得伟大和光荣。

## 奉献的快乐

你曾经失落过吗?

我有过。我曾经闷闷不乐，甚至想去死。如果我不是个胆小鬼的话，恐怕我已经死了好多次了！我的生活是那样失败，连我自己都无法接受。除了我，大家似乎可以接受任何人。

如今，我唱着歌走过相同的街道。我做得如此之好，人们很惊讶。

以前我经历了许许多多的坎坷。我试图让自己变得自私，想以此来打倒所有人，但我最终得到的只有坎坷和滚烫的“咖啡壶”。只有从我转过身试着奉献自己的那一刻开始，我才体会到真正的快乐。

让自己伟大些，烦恼就会变小些！

你不满意你的工作？这说明你正在自私地工作，必然会遇到种种阻力来提醒你，你正在退步。

你必须明白，真正的伟大是付出而不是索取。你也必须明白，为人民服务就是在为上帝服务。

## 只有一种职责

整个问题的结论就像年轻的耶稣在天堂里所说的那样：世界上只有一种职责，那就是“父亲的职责”，这是一种幸福的职责；让人们看到天国的职责；倾听我们祈祷“你的旨意行在地上，如同行在天上”的职责。

我们要付出的不是金钱，而是快乐。我们帮助别人，别人得到了快乐，同时我们自己也感到很愉快。

开一家杂货店，在学校教学，经营一个家庭，管理一家银行、一个农场或工厂，做着我们擅长的工作，尽着自己的职责。

一个人越是想拯救自己的生活，反而会很快地失去它，但如果将自己的生活投入到无私的为他人服务中去，他的生命将会变得伟大，充满荣耀和幸福。

如果你想变得伟大，不必去芝加哥、纽约或世界其他地方，只需要回到你的厨房里，或是返回你的商店或办公室，简单投入地工作，服务别人，以新的热忱为你原来习以为常的工作带来活力。不久，你就会发现你有着无穷的力量。人们纷纷祝福你，你的周围充满善意的理解与和平。

我们从学校里获得了人生中所有美好的东西。智慧，理解，幸福，男人的成熟，女性的温柔。获得这些就是获得了良好的教育，其他的一切都是通向这一目标的阶梯。

## 寻找伟大的人

如果让我做一本社会名人册，我不会首先去看那些名人秀或者去翻名人录。我会去最前线，去压力最大的地方。

我曾经去过伊利诺伊州一个小城镇的矿井，当时是主席团派我去那里做一个演讲。我不知道从矿井里戴着头盔满脸灰尘的工人和这个讲座有什么联系，但我知道所有的票都已售出。负责这件事的人是主日学校的一名主管，这个男人是镇上最有用、最无私、最伟大的人，他是每次公益活动的核心，无私地为大家夜以继日地工作。

芝加哥有一位伟大的人物每个星期日都会给数千人讲道。他撰写书籍，开办学院。他是众多活动的头领，他的名字每天都会出现在报纸上，在芝加哥每个做好事的委员会的公报中，你都会读到关于他的报道。

去年夏天他离开芝加哥开始了一场旅行。许多人认为休假意味着到另一个地方隐居起来，慢慢地被人们遗忘。但是，这个芝加哥的伟人从一个城市讲到了另一个城市，而且还走街串巷地讲道。他研究当地历史，甚至比当地人知道的还要多。每隔半小时他都会向人们宣传："这里有布道会。"在每个城镇，他都会仔细地观察人们工作，挖掘有不同造诣的人，然后拜访他们。他到过的每个城镇都变得不同寻常，他把枯燥的旅途变成了通往仙境的地图。他责骂懒惰的城镇，赞扬勤奋的城镇。他劝说游荡在街上的人："你想做什么事情？"也许年轻人会回答说他没有机会。"你到芝加哥，我给你一个机会。"

因此，这名芝加哥男人每天都很忙。他忙着关心他人，每天都在想着如何为他人带来利益，却从来没有想过这样做会得到什么回报。

许多朋友都很担心他。他们说："为什么不为自己想想？总是在帮助别人，直到耗尽全部精力，无法再为自己做事。"

但事，越是刻意地为自己的生活去奋斗，越容易失败，只有无私奉献才能真正为自己带来幸福。这位芝加哥男子的祈祷没能让他变得伟大；他的大学经历也没有让他变得伟大；他出版的著作也没有让他变得伟大，而帮助他人却使他的一切都变得伟大。

这位芝加哥男子把他的全部人生都奉献给了他人，他将自己变成蜡烛，燃烧自己，照亮别人。如果让他停下“照顾自己”，他的事业就会终止。如果他已经开始所谓自己的生活，寻求荣誉，规划着自己的每一分钱，并把它们提前写进合同，那么他的收获又会有多少呢？

冈索勒斯*经常这样说：“你总是这样告诉自己，等我有了成就，以后就有能力做更伟大的事情了。你错了。你现在就应该去做，而不是在你说过无数个‘以后’之后。你现在就需要去奉献，这个世界也需要你的奉献。”

---

*冈索勒斯（1856—1921 年），美国著名教育家、神学家、牧师、人文学家。伊利诺斯技术学院的创办人之一，并曾任该学院校长。

CHAPTER

# 3 从生活中毕业

美国东部有一座小镇。那里并不漂亮，就是一个巨大而肮脏的工厂，周围环绕着一所所简陋的小房子。

那里的人们就住在那些简陋的小房子里，每周要工作六天，当然，工作地点是在那个肮脏的大工厂里。因为星期日工厂不生产，所以他们可以在这一天休息。而他们周日的消遣就是去工厂的教堂做礼拜。每次讲道结束后都有一个会众的班级会，通常在进行到一半的时候牧师就会说道："现在我们来改变一下形式。"这句话的意思就是，如果你有信仰，那么就请站起来，并大声说出来。每次第一个站起来的都是一个坐在前排的小老头儿。

如果你以前从未见过他，我想你一定会忍俊不禁的。这个小老头儿佝偻着身子，鹤骨鸡肤，肩膀歪斜，倒三角的脑袋还顶着个光头。

他总是会抢先站起来说："兄弟姐妹们，我像你们一样从没读过书。”就这样周而复始，不厌其烦。每个星期日他都首先向会众们爆料这个消息，然后才开始讲他精彩的故事。

他就是拥有那个大工厂的人，一个白手起家的工厂主。他所称的兄弟姐妹就是每周为他工作六天的人们。他从没上过学，却对书籍有着一种偶像般的崇拜。

## 格西的教育

他有一个健康的小儿子，名叫 F. 古斯塔夫斯·阿道弗斯，小名格西。他常常说，我一定要用我所有的钱给儿子最好的教育。

他觉得教育可以像买东西一样买来，他可以买最好的教育给小格西，所以他从小格西刚刚能坐着，能记事起就开始对他进行“培养”。他带着格西拜访了占星家、预言家以及所有附近能找到的“相关专家”，对格西进行剖析和告诫。当格西足够成熟时，他把格西送到了美国最好的一所大学。可是格西后来的失败既不是大学的错，也不是聪明可爱的格西的错，而是那位老父亲的错。是盲目的溺爱剥夺了孩子生来就有的权利。

这种权利是什么呢？

那就是变得伟大的机会。那么我们又如何才能变得伟大呢？

实践！答案就是实践！只有这种教育才能让我们成为杰出的

人物。

但是格西却没能获得这个实践的机会。他已经习惯了衣来伸手、饭来张口的生活。上大学也像掌舵一样，只需发号施令，便有人服务到位。还记得在那个小镇的日子吗？当格西收到大学录取通知书时，当他遇到辉煌的人生机遇时，他便被告知已万事大吉，不需要再费心做什么了。他的教育已经被提前安排妥当，不费吹灰之力就可以得到。因为已经有一排教授在争先恐后地等着给他学位。

只要这位“舵手先生”从那个给他操办好一切的小镇来到学校，每个教授为他“指点”一二，他再象征性地在各系之间跑一跑，就可以完成学业，获得学位了。

在此期间他们对格西进行了包装。

格西雇用了一个人为他完成学业，这个人努力地穿梭于各系之间。他们全力以赴地对格西进行了表面上的装饰，加工、修理、美化，然后晾干成最后的成品。

现在，格西看上去是一件杰作！

## 三次停工

终于有一天，格西带着他“一车厢”的教育回来了。

在那个周末，工厂正好宣布停产——有史以来的第一次。工人们纷纷涌向火车站，这时他们遇到了学成归来的格西，工人们欢呼道："快看啊，我们的救世主来了！"

几年后，工厂再次倒闭。办公室的门上挂上了黑绉纱，男人女人们都站在街边掩面而泣。工厂之父，那个小老头儿，永远离他们而去了。当工厂再次恢复运行时，格西已经子承父业，坐上了工厂的头把交椅——他的老父亲曾经坐过的地方。

他坐在这个责任重大的位置上，面临着社会的考验，心里却慌乱起来，因为他根本就没有任何实力。

徒有其表的他怎么能担当得起如此重任？即便是他拥有这个位置也无济于事。

于是在两年又七个月后，工厂在他的手里彻底崩溃，而他曾经拥有所有他的老父亲没能拥有的机会。

在工厂第三次关门大吉后，因资产所剩无几，似乎没有什么起死回生的可能了。但是，奇迹无处不在，新任老板又把它救了回来。

他叫比尔·怀克姆，是个孤儿，他没有像格西那样的机会。他黑亮的眼睛透着智慧的光芒，似乎已经完成了我们每天所要接受的教育。但是他仅仅是从社会竞争中成长起来的，只不过在每一次竞争中，比尔都会从中汲取经验。所谓物竞天择，适者生存，他逐渐从社会的筛选中脱颖而出。

比尔变成了对这个社会最有用的人，也是最有能力的人。人们不再在意比尔寒酸的出身。他们开始指望他运筹帷幄，掌控大局。带着这神赐的才华，比尔站在了顶峰。

所以当法庭寻找合适的人来接手这废旧的工厂时，比尔当仁不让地承担起这个光荣的使命。他将这个支离破碎的工厂重新拼装，使它又重新运转起来，于是这个饥饿小镇上的工人们又重新获得了工作机会。

## 从生活中毕业

我举这个例子并不是为了反对书本或是大学教育。

我不是想要攻击它们，而是为了保护它们。书本和大学在那些所谓的“莘莘学子”的手中忍受着，任他们对它们叫嚣：“给我们教育。”他们如此轻率，就好像那些未经思考就声称“学校把格西培养成了一个傻子”的人一样。

你不可能在一本书或一所学校中就可以获得教育。你只是获得了一种工具，或许可以说是世界上最好的工具。当你们获得这些工具后，就要踏入社会从而完成真正的教育。

每个地方都有从生活中毕业的人，他们没有那些从书本里学来的理论知识，却也创造出了成功的生活。他们使用了自己从生活经验中得来的简单方法。但是每当他们想要有更进一步的发展的时候，就会觉得缺少了前期的准备和更有效率的知识和技能。所以他们总是会对年轻人说："因为缺少了严格意义上的学习，我的一生都是不健全的。千万不要和我犯同样的错误，一定要去上学。"

这些人就像分布在各个地方的电子天才一样，用最原始的仪器做了很多了不起的事，但是设想一下，如果他们使用先进仪器的话，效率会提高多少啊！

## 美国悲剧

格西和比尔的故事仍在其他地方不断上演着，而这些故事的结局往往都充满了失败、眼泪和伤痛。这是美国文化的悲剧。

每个地方都有这样的父母，他们会说："我们生活的年代没有太多的机会，所以如果可能的话，我们会让孩子得到任何我们能给得起的机会。"

所以他们长时间不辞辛苦地劳作、积累。他们获得了大块的农田、漂亮的房子、数目可观的存款。这都不是为了他们自己，而是为了孩子。这本无可非议，如果你愿意，你可以把你所拥有的都给他们，为他们营造最显赫的地位。

但前提是，你得确保你的孩子能够在这个位置上得心应手。

否则，他们在毫无准备的情况下要承担这么大的人生考验，就很可能会搞砸一切。

然后，孩子作为一个无助的受害者，会因他造成的损失而受到指责。就像格西一样，因为经营垮了他父亲的工厂而备受指责。

你给他一个位置，却没能培养他胜任的能力，就好像剥夺了孩子生来的权利。

不幸的是，全世界十分之七的父母都在这样做。

曾经有一个男人在听完我讲格西和比尔的故事后，愤然从听众中走出来说，他很高兴他的儿子没有来听我的演讲。他不会让他的儿子听到这样的东西。但是现在，那个善良却糊涂的父亲正因为那个被他宠坏的儿子所做的事羞愧地低下了头。

可怜的哈里·索恩，不仅在报纸的头版头条上出丑，而且还是牧师讲道时典型的青年堕落的例证。他的行为令人震惊，但是他从来没能拥有一个成为真正的男人的机会。大概没有几个孩子能像丧失了其本性的哈里一样，被如此残忍地剥夺了成长的权利。在宾夕法尼亚州的历史中，没有几个像哈里的父亲那样的商业巨头。他甚至可以建立一个煤炭帝国，能够操控一支军队的人力，却偏偏无视适者生存的现实。

并不是无知致使他们犯这样的错误，而是不到位的教育，财富和世俗的观念。

真正威胁美国的并不是膨胀的财富，而是继承者们越来越萎缩的灵魂。这个国家还能傲立多久，完全取决于它培养了多少个格西——没有自我，一无是处的人。

你应该注意到，没有几个伟大的人是在如此强大的家庭背景下成长的。

孩子们，一定要尽早掌握这一法则。

上帝保佑你们！你们拥有幸福的家庭、父母的疼爱，他们还会满足你们所有的要求。我想知道你们是否已经开始这样想："我什么都不用做，爸爸妈妈会照顾我，即使有一天他们不在我身边了，我也会继承他们所有的遗产，所以我的生活已经被安排好了。"

如果真的是这样，我感到很遗憾，因为你们的一只脚已经迈进了麻烦里。你们即将踏入社会，面临残酷的社会考验。

你们必须学习，因为没有人能不劳而获，也没有人可以给你任何东西。父母只能寄希望于你们自己。父母可以把钱放进你的口袋，但是它们并不属于你，直到你通过自己的努力赚得；父母可以把观点放进你的脑袋里，但是它们并不属于你，直到你自己通过实践证明它们；父母可以把食物放进你的嘴里，但是如果你不消化掉，食物也依旧不属于你。

你只知道你在那本经验之书里写了什么，当法庭令你宣誓作为证人时，它们可以被拿来当作证据。

你必须工作、奋斗，为社会做出贡献，必须努力克服困难。这样做不是为了得到一碗饭，如果仅仅是为了一碗饭，你大可以闲坐在街边，救济会就会把你带走，并给你吃的。这样做是为了获得智慧、理解、快乐、男子气概或是女子的气质。

你会从奋斗中获得力量！

你会从胜利中获得生存！

你会从奉献中获得快乐！

你买不来健壮的臂膀，却可以通过锻炼来获得。

你买不来伟大的思想，却可以通过内在培养来获得。

你也买不来伟大的人格，却可以通过道德上的约束来获得。

如果你战胜了生命中的邪恶，那么每一场战争都会有天使相助，每一场胜利都使你更加确信——真正的王权掌握在真正的统治者手里，他们证明了："能够统治自己灵魂的人比那些占领了城市的人更加伟大。"

因为一个连自己的灵魂都无法统治的人，又如何统治他的领地。

## 工作，乐在其中

我常常想，美国今天最严重的三种疾病就是假期、可口可乐和《星期六晚邮报》。

我并不是要批评这些人人熟悉的制度或事物本身。他们只是一些病症而已。如果商业元素干扰了娱乐，那么就清除它，我们一定会因此非常开心。哪里人越多，哪里的狂热程度就越大。

我们读书读到醉，就像我们喝酒喝到醉一样。用一个比例来形容，假设有一个真正的酒鬼，就会有 10 个文学醉鬼、20 个娱乐醉鬼还有 50 个度假醉鬼。这种最畅销的路边摊读物已经把美国变成了跑满青蛙的池塘，智慧的贫民窟。

现在的人们都太压抑，太空虚。我亲爱的朋友们经常告诫我要当心精神垮掉，吓得我开始对自己进行特殊“照顾”，而且我过去也常常这样“照顾”自己，让自己休息、娱乐，以至于身体最终垮掉。

后来，我找到了拯救自己的方式，那就是让自己变得更加忙碌。我全身心地投入到自己所热爱的工作中，并在其中获得快乐。我一个人可以做两个或三个人的工作，现在我已经从一个消瘦、烦躁而又神经质的病秧子转变为一个热情、快乐的人。这也许让殡仪馆的工作人员失望了，但对于这个世界来说却是个惊喜。

我白天的时候是一名编辑，到了晚上就变成了一个演讲者。在完成一整天的编辑工作后，我会在晚上给自己放个假，做一做演讲。或者每天演讲两到三次，然后抽空做一些编辑工作。每一天都劳逸结合，一年中都充满了欢乐。我想我应该报答那些给予我倾诉和描写机会的人，而不应该是他们付给我酬劳。

所以你看，我没有时间变得虚弱。我没有时间去关心、抱怨或是忧虑我的身体。就像《圣经》中的保罗一样，我很高兴我的精神能与上帝同在。当我不再考虑有关身体的任何事时，它也没出现什么差错，开心得就像追逐自己尾巴的小狗。

我从来不知道什么是工作过量，也从来不知道有谁因工作而死，但我确实知道有很多人因度假而自杀。

那些认为自己工作过量的人只不过是过度焦虑，这是一种自私的表现。

你的焦虑就是在质疑万能的上帝。

做你喜欢的工作，或是为你喜欢的人工作，就是把工作当成一种娱乐、责任和特权。

不知道你在一个城市里会不会感到孤单，那里没有真正的人，有的只是混沌生活的人。他们大多数都很虚伪，都试图让自己看起来比其他人更富有。在那些趋名逐利的人中间我感觉自己很孤单。他们在那些灯光灿烂的商业区追逐快乐，他们必须每时每刻都尽情放纵，否则就要面对孤独空洞的生活。

但浪子也有回头的时候，当他们停下来反思走过的路，就会幡然醒悟，并领会了父亲的用心。不论什么人、在什么时候，只要停下追逐纸醉金迷的脚步，认真回望自己的路，他们都会成长并且获得父亲的智慧。而对于那些不愿意停下来思考的人来说，希望自然也不复存在。他们心中的魔鬼会夜以继日地工作，以阻止他们去思考。

这就是为什么人群中缺少强壮健康的人。

似乎我们必须通过娱乐来放松。想一想我们的肌肉，紧缩然后放松，再紧缩，再放松……通过这样的循环往复来维持机体的能量，但是如果让它持续放松就会松弛萎缩。所以，对于个人、社会、国家来说也一样，如果不去努力，不去奋斗，不去战胜面对的困难，而是任其放松下去，就会萎靡衰退。

如果你对肌肉研究得更多，你就会发现，当一组肌肉在放松时，另一组肌肉却在收缩。所以你必须认识到你的假期、娱乐和放松只是另一种工作方式而已。

我们可以去拜访银行行长、铁路巨头、神圣讲坛的牧师、大学主席或者任何在这个城市里担任重大职务的人，然后问他们一个问题："您是在这座城市里出生的吗？"

回答几乎千篇一律："哦不，我并不是在这座城市里出生的，我出生在印第安纳州，40年前来到这里，从最底层开始打拼。"他会激动地为你讲述当他还是个小男孩时打拼过的小木屋、山坡还有农田。就我个人而言，我认为这种小木屋就是过度工作的目标。他无时无刻不在给我动力并推动我前进。并不是小木屋本身有什么优势，它只是奋斗的必要条件，而由此取得的力量才是最引人瞩目的。在那里，年轻人获得了为实现人生目标而奋斗或服务的机会和力量。于是他们来到了城市，与那些沉迷于娱乐的浮躁软弱的人们一起在社会中摸爬滚打，最终超越了他们，就像老鹰翱翔于蓝天，俯视那群叽叽喳喳的麻雀一样。

城市并不能自己前进，而是要依靠那些来自乡野的少数精英的推动，于是每年都会有大量充满勇气的有识之士进驻主要城市，否则这些城市将会慢慢衰退，甚至在地图上消失。如果不是有印第安纳州，芝加哥早就滑进湖里了；如果没有印第安纳州，纽约恐怕也早就失去了它的领导权。

我认为美国最有用的学校就是那些为学生提供设施，能让他们半工半读完成学业的学校。里尔博士曾经自豪地说过："我们的学生来到学校，并且他们都完成了学业。"大多数学生通过努力都会完成学业，可是我不相信美国有哪一所学校能够拿出一份全部都是傲人成绩的成绩单，这需要完成书本和实践的统一。

美国人的城镇病了，有的已经死去，有的奄奄一息。

病因就是大城市的诱惑。

是时候来抵御这种来自繁华的诱惑了，我们必须把它们建设成为对于每个年轻人来说最生气勃勃、最有吸引力、最有前途的地方。年轻人离开的那些城镇是因为它们没有值得年轻人留下的东西。

美国的繁荣并不取决于几个大城市的繁荣，而是为数众多的城镇。

下一次美国伟大的改革运动的口号必定是："为了坚信上帝，为了建设家园，为了振兴城镇。"

# CHAPTER 4

# 小提琴与调弦

一天，一位了不起的生产商将我带到了他制作小提琴的工厂。确切地说，他制作的不是小提琴，而是琴身。

打个比方来说，小提琴就好比是受了高等教育的琴身。

我觉得，刚来到这个世界上的我们就像是刚出厂的琴身。无论是对于我们还是对于琴身来说，躯干和脖子大概就是我们的全部了吧。没有琴弦，我们的存在就是没有意义的。琴身没有琴弦、弓子，我们也就没有了亲密的朋友。

六岁时，我们上了小学，然后一直上到语法学校，我们便获得了一根细细的E弦。问题是，至此很多人就以为他们可以成立一支管弦乐队了。他们要离开学校，仅凭这一根琴弦去演奏他们毕生的小提琴乐章。

我们必须让这些涉世不深的人明白，他们必须再回到学校，到必要的院系进行学习深造之后，才能获得他们全部的“琴弦”，这样才能更加完美地演绎他们生命的交响乐。

做好这些准备之后，一切才刚刚开始。E弦、A弦、D弦、G弦都一应俱全了，就能说受过教育了吗？小提琴之所以称为小提琴，仅仅是因为装上了这几根琴弦吗？小提琴是用来演奏音乐的，所以在具备了所有的琴弦之后，要做的事情还有很多。正如我们所了解到的：所有书籍中的知识和大学教育只不过是一种工具而已，在这之后小提琴必须到“调弦学校”和“服务学校”，将转轴调到合适的位置。

你所知道的一切无非是在“生活这所大学”里学来的，你的经历也无非就是将“理论之书”中的内容译好再引用到“经验之书”中去。需要你去协调一致的并不是你所牢记的东西，而是对你至关重要的东西。

归根结底，当你宣誓作为证人出庭时，你所知道的有关的一切都将被法庭采纳作为证据。格西说：“我在书里读到过。”而贝尔·威克姆说：“我了解我自己。”

我们每个人似乎都成了克里斯托弗·哥伦布，因为我们觉得自己发现了新的真理大陆，其实这已经不再新奇了。我们都忘记了自己曾经读过这些东西，直到在生活中我们突然碰到它们的时候，我们才会真正理解，然后那些陈词滥调便会在我们的意识中凝结成闪闪发光的真理的宝石。

噢，读过一件事情和真正的理解一件事情是有很大差异的。小时候念书的时候，我曾和一群无忧无虑的小淘气包站成一排，我们大声地朗读着迈克高斐的著名作品："如果我玩、玩火的话，我就会把我、我的手、手指烧、烧伤。"

我并没有领会其中的意思。我倒是真的希望读完他的作品之后，我就会真切地知道：如果我玩火的话，我的手指就会被烧伤。可是我却把手指放在了炽热的火炉上或者滚烫的咖啡壶上，结果被烫出了许多水泡，然后才从中吸取了教训。我让别人看那烫伤的水泡，不断地烦扰我的朋友，以此来博得他们的一点同情。"我真是倒霉透了。"我可真是一个傻子啊！

这不像是吸取教训，倒像是认错！

## 不劳而获

34 岁时我懂得了一个道理：你不可能不劳而获。

尽管我天生聪颖，但是弄懂这句话也花了不少的时间——比人类通常用的时间要长很多。人类那么聪明，如果仅仅是让他们遭受几次小挫折而不是把他们彻底击败，他们是不会从中吸取教训的。

这让我想起了我在农场做雇佣工人的那段日子。你一定不会想到，我曾经在农场做过一名雇佣工人，靠做洗洗涮涮、修修补补的工作每个月拿 10 美元的工资。你看我现在站在这讲台上举止优雅得体，你根本不会想到我曾经驯服过一头小牛犊，让它从铜壶里喝水；或者是我曾经赶着一头野牛，说着粗鲁的话。希望上帝能够原谅我的所作所为。

我第一次去县集市。和我有过相同经历的人们啊，你们一定记得，在县集市所有的人都能找到适合他们的地方。一些人去了刺绣部，一些人去了水果罐头部，还有一些人去了售猪部。总之，每个人都去了属于他们的地方。至于那些容易上当受骗者，他们也去了适合他们的地方——“修理部”。

不到五分钟我就找到了“修理部”，没有人告诉我它在哪儿，我也不需要别人来告诉我。所有容易上当受骗的人都在那里，物以类聚，人以群分。

在入口处我恰好碰到了一位绅士。我之所以知道他是一位绅士是因为他告诉我他是一位绅士。他有一张小巧轻便的桌子，这样他活动起来就会很方便。每当天气十分有益于健康的时候，他就会把小桌子搬到翠绿的草地上。

在那张桌子上横摆着三个小贝壳。我亲眼看到这位绅士在中间的那个小贝壳下面放了一粒小豌豆。他在操纵着这个游戏，但

是其他参与游戏的人却被戏弄了。一位女士认为那粒豌豆在最后一只贝壳下面，就一直盯着那只贝壳。我天资聪颖，所以知道得最清楚。他跟我打赌豌豆一定在最后一只贝壳下面，这可是一个不劳而获的绝好机会。我把所有的钱都押在中间那只贝壳上了。其实，这并不算赌博，而是一件十分有胜算的事（事实也确实是这样）。我不愿意拿走那笔钱，因为在我看来，那好像是在抢一位父亲的钱。这位绅士一定需要养家糊口，而我将要在这里“抢劫”他，因为我比他聪明得多。

但是我并没有“抢劫”成功，那位父亲在接下来找豌豆的大约四秒钟时间将我所有的钱“洗劫一空”。我只好转到县集市的另一边，那是我唯一能做的，因为我没钱再进去，更别提看看美人鱼了。但是我并没有从这次挫折中吸取教训，而是说了一句每个傻瓜被骗后都会说的话：“下次我一定会加倍小心。”但是实际上并不会从中吸取教训。

任何人说出这句话的时候，距离他被同一块石头再次砸到的日子就不远啦！

## 获利分红

随着年龄的增长，人们开始发现我的聪明才智，觉得孺子可教。他们开始让我入股，有没有人也曾经让你入股？只可惜，我没能坚持住。不知怎么回事，每次只要我一入股，这一行的生意就总是每况愈下，我也总是落得个血本无归的下场。

我开始投资金矿和银矿。没有人会知道，要是我能早点参与，我能投资多少黄金、白银和贵金属矿。我毫不犹豫地投资了，那时我无法自拔，以为这样就可以坐享其成了！红利离我如此之近，甚至可以嗅到它们的气味！只要再做一个评估，然后我们就能分红了！这是我一生所期盼的，但最终却连个皮毛都没得到！

在克雷医生的帮助下，我恢复了过来。堪萨斯城一些善良的朋友想让我在大沼泽地富起来，于是我对佛罗里达州产生了浓厚的兴趣。在那里，我有一片饲养短吻鳄的农场。短吻鳄生活在土壤的霜浸线以下，只有在这样的环境下他们才能存活得更好。我以加仑为单位出售它们。

## 意外的“中奖”

34 岁那年，我遭逢大劫。

我收到了一位朋友的密信，这位朋友叫托马斯·克里格，我以前从来没有见过他。他住在密苏里州圣路易斯一个叫里亚托的小区。在信中，他十分谨慎地告诉我："你中奖了。"

天哪！你曾经中过奖吗?

我仔细地读了这位朋友的信，信中说：你中奖啦，因为你是一位杰出的市民，你在你所居住的小区有着重要的影响。

你看，他确实是认识我。

"你将会得到百分之一千的红利。"百分之一千啊！上帝啊！你曾经遇到过这样的好事吗？我相信你有过，但是我从来没遇到过。

我乘晚上的火车去了圣路易斯。我真担心在那里会有人抢了我的大奖。我在火车上熬了整整一夜，为的就是省点钱给汤姆（我的那个朋友）。但是，我并不需要这么匆忙。那时汤姆应该已经准备好羊毛剪子等了我一个月了，嘴里还念念有词：羊羔小宝贝儿，羊羔小宝贝儿，快点儿来圣路易斯吧。

我并不是在博得你们这群人的同情。你们嘲笑我，甚至是大笑，并不尊重我内心的感受。我不想告诉你在圣路易斯到底发生了什么，因为这一切都与你们无关。

但是，我还是很高兴地去了圣路易斯，因为我天生就很聪明。我这么聪明，却忘了在俄亥俄镇受到的教训，而是径直去了密苏里州的圣路易斯，到了托马斯·克里格的廉价机票分销店，付给了汤姆 1100 美元，然后我才得知我得的是末等奖 。我很快就调整好了自己，但是我满腔的热情都消失得无影无踪了。

你是不可能不劳而获的，花 1100 美元来明白这样的一个道理也是值得的。不仅仅是知道，我们还要去领会其真正的内涵。只有当我们真正明白了这个道理后，我们的生活才会变得妙趣横生。每一天你我的生活都会充满快乐，不再为那些让你有可能不劳而获的机会而烦恼。如果现在就有一笔财富出现在讲台上，我抓不住它，也触碰不到它。有一个声音会提醒我，拉尔夫，快走开吧，这并不属于你，只是有人暂时将它遗失了。这财富就好像是我们之前提到过的那个咖啡壶。

现在，如果有人许诺给我百分之十到百分之二十的红利，他绝不可能是我的朋友。

如果他许诺给我百分之五十的红利，我就要喊警察了。

我不再是容易上当受骗的人了。就在那天，我又收到了一封密信，信的开头写道："你中奖啦。"啪的一声！我毫不犹豫地把它扔进了垃圾桶。

押沙龙啊，押沙龙，我的儿子！亡羊补牢，为时未晚，你是不可能不劳而获的。如果你还是不明白，那你就会"中奖"，然后去拿百分之一千的红利。但是，这也意味着你会被烫得浑身起泡，因为你就是那个最容易上当受骗的人！

一天晚上，在一个大约只有一千人的小镇里，银行家在演讲之后将我带进了他的办公室。他说："观众跟着你一起大笑，他们觉得这是一件十分有趣的事，我希望你明白演讲必须字字真实，希望你能看到我在这个镇上所看到的一切。我希望你知道，每个月社区会拿出上万美元给那些白痴的企业。最可悲的是，这些来自最贫困的人们腰包里的钱就这么白白地浪费了。"

花了这么长时间来向你说明我是怎样弄懂一个道理的，我觉得毫不愧疚。如果我说明白这个道理花费了我足足 34 年的时间，那么你还会觉得我讲它花的时间太长吗？对我来说，这大概就是我学习有多慢的最有力的证据了吧！

## 赞美诗

每到毕业演讲时，一些年轻人总是会说："今年 7 月份，我就要结束我的学业啦。"

祝福他们吧！他们仅仅是又得到了一根"琴弦"而已。

正如他们所想到的那样，这一次学习结束，意味着等待他们的将是下一个开始。这不是真正意义上的结束，只不过是翻开了他们无止境的学习的另一个篇章。孩子们，这不是一件让人沮丧的事，而是一件值得欢呼的事。生命中充满着这样的开始与进步，难道不是一件美好的事情吗？

我喜欢参加高中生的毕业典礼。那里的舞台装饰得特别美丽，台前摆着一排天竺花，旁边摆着一棵高大的夹竹桃，舞台中间摆着一块长毛地毯，就像按照四月版的《女性家居杂志》设计的一样。毕业生们在台上围坐成一个半圆，他们穿着漆皮做的衣服，我知道他们穿上这衣服有多别扭，因为他们是第一次穿。

随即他们便开始演讲。每每听到他们的演讲，我就会越发地喜欢他们，我觉得自己变得越来越年轻了。

美女一号走上前去开始了她的演讲："越过高耸的阿尔卑斯山，意大利向你敞开了怀抱。"（双臂前伸，左臂稍高，然后双臂放下，手指和手腕协调地运动，如果手指和手腕不能很好地协调起来的话，开场一定会很尴尬吧？如果手腕在向下运动，而手指却僵硬地停在空中，这对观众来说会是一种怎样的震撼啊？）

掌声响起，尤其是来自他的亲友团的掌声。

接着美女二号走上前，她同样站在用铅笔铅做的记号处，开始演讲：我们（她将双手抬到半空中，然后分开）一直在努力地划船行进（头向前倾，每只手伸出两个手指头做出划船的动作），而不是在漂流（双手随即又做出了向下滑的动作）。

孩子们，我们不是在嘲笑你们。我们是在嘲笑我们自己，嘲笑我们是如何学会了那些你们一直牢记，但是却从来不曾用过的真理。

你们从爱默生的文章中学到这些真理，但是并没有领会到其真正的含义。只有当你们亲身经历之后才会真正地理解它们的内涵。我们说，“越过高耸的阿尔卑斯山，意大利向你敞开了怀抱”，这真的是一件好事。但是我们却不能说如果你能够克服重重困难就一定会达到成功的彼岸。如果换个角度说，“我们正在奋力前行，而不是在虚度时光”倒很不错。除非你已经抄起一支桨了，否则您就不能说自己在奋力前行。

噢，格西，赶快拿起你的桨吧！

## 初次布道

你听说过有一位刚“出道”的年轻牧师吗？你听过他第一次布道吗？我希望你曾经听过我的第一次布道。我受到了邀请，至少我认为我是受到了邀请的。或许是我的大脑“短路”了吧，“教友”们一直在等着我，并且告诉我说我又被“选中”了。这来自当地的一个电话而且距离也不远。

他们给我六个星期的时间让我来准备福音布道，并且告诉我要为第一次做好准备。

当然，我也尽量准备得面面俱到。但是我却犯了一个错误，也正是我要提醒你不要犯的错误。我并没有从自己的人生经历中提取需要的布道素材，而是利用了我父亲图书室里的书。我加了一句“伟大的莎士比亚曾经说过”，然后便将出自莎士比亚的一段话引用到了我的布道稿的第 5 页。我在另一处引用了诗人阿尔弗雷德·丁尼生的话。我将这些摘自书中的段落用自己的智慧很好地融合在一起。我在那篇演讲稿中使用了大量华丽的辞藻，还用了一些隐喻和信号来进行点缀。这篇演讲稿高潮迭起，既有让人兴奋的内容，也有让人感动得泪流满面的内容。在第 14 页，我安排了一个让人泪流满面的高潮，在那页的空白处我还故意做了一个要流泪的记号，这是我要流露出悲伤的地方。我读到这一页左手边的地方就会哭出来。

我将这一切都记在脑子里，还请了一位教表情的女士来教我怎样恰到好处地表达。你一定能很好地表达出来。我在每一页都标好了自己要做的手势。你知道，在演讲时，你的手总要做出一些手势，这些你在我身上都会看到。

当然，我不是在嘲讽这种表达方式，表达是一种高雅的艺术。但是你的手势一定要向观众传达一些相关的内容。

那时，我犯了一个错误。我的手势太多了，要做的竟然有一马车那么多，但是我自己却没有注意到。所以说从一开始这件事就是不对的。那就像是一条领带，却没有人帮我把它系好。我连续在镜子前站了六个星期，我每天都在对着镜子练习，以为这样就可以一切顺利。我本可以去睡觉的，但是不想耽误了布道。

那个伟大的时刻终于到来了，只见一个了不起的男孩站在一大群人面前，那时，相对于以前对着镜子，我显得更加自然大方，每一个手势都如计划中的那样恰到好处。我在讲到第 14 页的时候真的哭了，我知道这绝不是发自内心的，可是那天我真的哭了。

我做的另一件妙事就是坐在了地上，其实，我觉得要是坐得早一点的话就更好了，我希望在整个过程中自己都是坐着的。我是最后一个匆忙离开教堂的，在布道的九个人当中，我被淘汰出局了。当我走到门口的时候，教堂内的老司事还冲门内摆摆钥匙催促我，他说："别伤心啦，老弟，我还见过比这糟糕的！老弟，你说得还凑合，但是你根本什么都不懂。"

回镇子的路上，我哭了一路。那位老司事的话比用一把匕首刺向我伤我伤得更深。许多年之后，我才明白，其实那位司事的话是对的。通过那次布道我学到了一个真理，布道并不是要传授什么空洞的真理，而是自己亲身经历过的东西。我根本不理解当时那位老人的意思。

所以，孩子们，如果你们要准备毕业演讲，一定要写自己最了解的内容。如果你最了解的事情是削土豆皮，那么你的演讲内容就可以是削土豆皮，观众给你的掌声依然会从四座响起。

每出版 1000 本书，至少会有 900 本书的头版是得不到稿费的。当你研读一些写有作者亲身经历的书的时候，你会体会到他们真的是在写自己的经历。或许在那些没有获得成功的书中蕴含着更多的真理，写得也很好，然而它们缺少的却是一种必不可少的动力。它们仅仅出自作者头脑中的想象，而那些写有作者亲身经历的书来自作者的内心世界和生活体验，那些才是他们所真正了解的。从他们自身的经历当中，这些写作素材可以源源不断地涌现。

生命只能源于生活，当我们的生命触碰到那些更为伟大的生命的时候，我们的生命就会变得更加丰富多彩。在你的学校教育中，最成功的一部分并不是来源于书本，而是你接触到的老师的生活。

这也是教育的失败与成功的分界线。学校和书本尽职尽责地给了学生“工具”和“琴弦”。但他们如果就此止步不前的话，失败便会接踵而至。我们在书本当中学到了农业知识，但这不会使我们成为一位农学家。我们成为农学家的唯一方式是拿起锄头去务农。

## 唱出你自己

“没有画完的画，
没有咏完的诗，
画家的灵魂脆弱不堪，
诗人的内心百转千回。”

许多年轻人都认为自己已经是歌唱家了，因为他们有一副好嗓子，而且他们已经对它进行了训练。但所有的努力、烦恼、辛劳、汗水还有嗓子的疼痛，都仅仅是成为歌手的前奏曲，仅仅是那个让歌手看起来更完美的领结而已。

人们通常认为歌曲来自于声带的振动，其实不然，真正的歌曲来自于人的内心，歌曲只是在声带振动的帮助下产生的。

如果你不曾亲身经历过，根本不可能唱出一支完美的歌。

一天，在文化讲习集会上，我对杰西提起了这一观点。她有着美丽动听的嗓音，曾经远赴柏林学习。那天下午，她在帐篷里唱了一首歌——《夏日的最后一朵玫瑰》。每个音符她都唱得恰到好处。正如她的老师教的那样，她使用甜美的颤音并面带微笑，但是她所唱出来的只不过是音符而已。或许她也曾经唱过那首《鼬鼠跑掉了》。

当我返回旅馆的时候，杰西正在哭泣，她说：“为什么我会失败呢？”

我回答：“为什么呢？杰西，我认为这是你上的关于唱歌的最好的一课。你只是在尽力地演唱《夏日的最后一朵玫瑰》，而你对夏日的最后一朵玫瑰却不曾有过太多的了解。孩子，我觉得在你真正演唱这首歌之前，一定从未切身体会过什么是悲痛、失望和绝望，因为这首歌是一个心碎的女人伤心的啜泣。”唉，为什么年轻的女孩子们总是要去演唱一些他们不可能唱好的歌曲呢？她们实际上只不过是在表演而已。

## 凯莉的成功

一天晚上，我、詹姆斯·G.麦德梅和西贝尔·萨米斯在芝加哥的登山俱乐部围桌而坐，聆听俱乐部第四位成员说话，她是一位身着黑衣的女子，有着可爱而楚楚动人的脸庞，满头银发。她是一位著名的作曲家。她的歌都是用卡车装载着销往芝加哥以外的地区。

我问她：“你是怎么成功的？你怎么知道人们需要什么样的歌曲呢？”

她说：“我们现在在这里感觉特别好，我们有这么多的朋友，有一个温馨的家庭，有充裕的资金。但在我的生命中，曾经有一段特别难熬的日子，我每天只吃一顿饭，吃了上顿还不知道下顿在哪里。我无依无靠地生活在这个世界上，挣扎了很多年，疾病缠身，穷困潦倒。我在一间狭小背阴的房间里开始创作歌曲，将自己内心的所思所想全部都写了出来。我写自己的生活和曾经的挣扎，我的歌全部都来自于生活，我将它们全部写出来只是为了宽慰自己。我真的很高兴，全世界的人都喜欢我的歌，而且他们还想听到我更多的作品。”

这个女人就是凯莉·雅克布斯·邦德。她创作了《完美的一天》《摇篮曲》《为你而穿》，这些简短而朴实的歌曲都能让你产生共鸣，有时甚至能让你满眼热泪。我看过那些歌，为什么呢？仅仅是这么简短的文字、这么简单的音符就能产生如此撼动人心的力量。

在登山俱乐部听凯莉讲述的那个晚上，我更加明白了，书本上的理论与和谐的生活只能教会我们写下一串串音符，而生活中的苦难却是创作的灵魂。音符只是用来传递音乐的，真正的歌曲来源于生活。

如果凯莉从来没有挨过饿，忍受过孤独，曾经灰心丧气，从来不曾努力挣扎过，她将永远不知道如何写出那些让她成名的歌曲。可以说她的失败也是她的成功。

所以我们不必去了解世界需要什么。我们只需要创作出自己生活中完美的作品，全世界也会因此为我们喝彩，最伟大的艺术恰恰是我们现实生活的真实写照。

## 挫折之后

我亲爱的朋友，我并不是在据理力争说我们必须饮尽失败的苦水，我们的生命中应该充满各种悲痛，或者是让自己变得不堪一击。但是人生路漫漫，没有人会懂得真正意义上的成功，除非这成功来自于我们丰富的人生阅历，正如那些来自凯莉·雅克布斯·邦德生活中的歌曲一样。

今天这里聚集了许多听众，这里的每个人都是不同的，任何两位听众都是不一样的。每个人都在为不同的目标而奋斗，每个人都要承担不同的责任，每个人都觉得自己的麻烦比别人多。

那些上了年纪的长者，你们一生中一定有过辉煌的事迹，你们最了解人生的困难与坎坷，最能体会那句："越过高耸的阿尔卑斯山，意大利将向你敞开怀抱。"

或许，你们中的许多人已经遇到了坎坷，或许早在几年前你就已经遇到坎坷了，但是这些伤口至今仍然没有愈合，而且你认为它们永远都不会愈合了。你之所以来到这里，是因为你认为来到这里就可以暂时忘记烦恼。我知道此时此刻你们当中有些人遇到了麻烦或是正在忍受痛苦。从来不曾有这么多人聚集在一起，但是有些人已经身心俱疲了。

如果我仍旧滔滔不绝地讲下去，不久就会看到你们的眼睛在发光，而我的眼睛也会发光。因为我和你们一样也觉得自己的烦恼比别人多。

或许在场的年轻人对这次演讲并不感兴趣，但是你们对我很礼貌，因为这本身就是一个礼貌的场合。你们并不太关心这次演讲，你们会说："这都是什么跟什么啊？那个人在说什么呢？我们听到过这些东西，不想再听了！"

或许吧，你们当中有些人天生就很聪明。

孩子们，你们还小，所以你们还无法体会到自己对卡斯托里亚的需要。

将来你就会知道你需要它。我不乞求你们相信这是一则真理，但是希望你们能够记住，当你遇到挫折时，它就会像能治愈你的膏药一样。你的生活和其他人没什么两样。所有人的生命中都存在着相同点。你们会哭泣，甚至可能会哭到睡着，睡不着的时候就会在地上来回踱步，你将要遇到的挫折或许和你的爸爸妈妈曾经遇到过的一样可怕！

当你们最信赖、最亲近的人背叛你的时候，你就会知道什么是钻心的疼痛。或许这种背叛仅仅是一个吻。你会经历人生的最低点，你甚至会以为清晨再也不会来临。你会说："上帝啊，让我死去吧，我很痛苦，我的生活再也没有指望了。"

在死之前，你还有很长的一段路要走。

你会发现在我们"死"过几次之后，生命中最重要的部分随之而来。

## 通往天堂的路

你将会通过岁月、挫折还有眼泪来吸取教训，这些都有助于完成你的学业。

这些挫折和坎坷不仅不会损坏琴身，而且会把弦轴调到最合适的位置。

经过了岁月的磨砺、泪水的洗礼，你人生中的"滑铁卢"会将你的心弦绷紧，越来越接近完美的音调。那些不和弦的音调渐渐淡出了你的生命，曾经发出那样不和谐的音调和噪音的琴弦如今却发出了天籁般的声音。

所以，当我们告别了所有错误的、不和谐的东西后，平静、理解、同情和关爱就会充满我们的生命，这意味着我们的学业正式结束了。

因为教育是通往幸福的路，是通往天堂的路。

# CHAPTER 5

# 回首往事

翻开这熟悉的乐章，回忆不断地涌现。

在先前关于“挫折大学”的演讲中，我曾经论述过这类问题，这里我想再补充一些内容。

不难看出，我并不是出身名门，但显而易见的是，我可以有很好的出身。我父亲是卫理公会的牧师，家里曾用过锡勺。在妇女援助社举行牡蛎晚餐时，我们总会把勺子借给他们用，但从来都不用在勺子上系上什么红绳，也从不担心找不回自己的勺子。我们的勺子总是会被完好无缺地送回来！

我仍然记得自己是如何挖到第一桶金的。

步行数公里到达乡村，整整一天我都在丰收的田地里收割麦子。你应该还记得那些旧时收割人的生活。到了晚上，我为他工作的那个农民拍拍我的头说：“你是我见过的干活干得最棒的男孩。”我自豪极了。然后，那个老吝啬鬼乐呵呵地在我起了水泡的手上放了五分钱。那五分钱是我拿过的最多的钱。

## 毕业典礼

经过这么多年我才明白：赚钱要比攒钱容易多了。

16岁时我成为一名教师。多甜美的16岁，多青涩的16岁呀。孩子们，高兴点吧，青涩意味着你正在迈向成熟！我的个子太高了，跟别人太不一样了，总觉得别别扭扭的。我能进学校当老师是因为我是应聘者中薪资要求最低的。他们曾经说，任何人都能教孩子。

我从来没学过教育学，却编了三条教学规则，我认为能行得通。这三条教学规则是：

1. 督促学生学习。

2. 督促学生背诵。就是使他们能够学以致用！

3. 获得报酬。这里着重强调规则三。

为了省钱，六年里的绝大多数时间，我都步行13英里去学校。我没有狭隘地使我的教学仅仅局限于一种方法，而是每天都充分运用各种方法。对于小一点的孩子，施以小惠，赢得其信任并激发他们学习的积极性。但对于比我还健壮的大孩子，则要用爱和道德来劝说。

在学期末尾我们举办了一个“公开示范表演”。不知你是否参加过以前乡村里的“公开示范表演”，当时全乡镇的人都到齐了。因为学期圆满结束了，他们很高兴地想要加以庆祝。大家带来了大兜大兜的食物，很是丰盛。我们把黑板铺在桌子上，然后在上面堆满了炸鸡、甜甜圈和馅饼，四十多种馅饼！苹果黄油馅饼上抹了很多酱，还有超大的干苹果派！

然后我们进行了一项“活动”——每个人都上台表演。我们“表演”了很多文学作品，“处决”这个词道出了那天我们对文学的所作所为。现在我闭上眼睛，当时的情景仍历历在目。我看到我的学生们一个接一个上台表演。我几乎认不出他们，因为他们穿上了礼服，而我只是穿上了高领的衣衫。父亲用剪羊毛的剪子修理了他们的头发；母亲则把他们洗得很干净，包括耳朵后面，甚至是里面，为此还把毛巾扭曲成螺丝锥状。他们穿着领子翘得很高的衣服，看起来就像是他们把自己的头塞进货车车轮中一样。

我看到他们一个接一个地上台表演。其中有“在阿尔及尔阵亡的罗马士兵”，那天我们又让他死了一次，我们这样的处决令他死得更惨；我还看到“燃烧甲板上的男孩”；看到玛丽的小羊羔再一次在舞台上跳跃；看到两个裹着麻布头巾的爱国者再次挺身而出，高喊着帕特里克·亨利的：“不自由，毋宁死！”我想，如果帕特里克·亨利出席了我们的“公开示范表演”，他会说：

“毋宁死！”

紧接着是一片令人窒息的安静，轮到“老师”出来告别。习惯上我应该哭，但我很想喊。明天我就能拿到钱了。我早就准备好了一个倒背如流的演讲，但不知怎么回事，当我站起来，面对着学校最后一天的观众们，张开嘴，口形还不错，但是它却最终哑火。我站在那里，张着嘴巴，什么也说不出来，眼泪夺眶而出，划过脸颊，溅落在我价值6美元的套装上。

学生们泣不成声，就像他们亲爱的老师已经说了再见！父母也流下了热泪。这是你见到过的最悲伤的场面。终于我说出话来：“别为我哭泣，亲爱的朋友们，我要走了，但我明年还是会回来上课的。”

我想，听完这话之后他们哭得更难过了！

## “秋后”还账

第二天，我拿到了工资。

我高高兴兴地将240美元全部捆成一沓。在回家的路上，一想到在家里的地位能因此有所提高，走起路来都趾高气扬的。

可惜，那些工资没能带回家。谈到我这个愚人和我的钱，你也会有自己的感触。路上，我遇到了乡绅K，他把我所有的钱都借走了。钱能够被他如此简单，毫无悬念地借走，那是因为乡绅K是一个“心地非常善良”的人，他在教堂里可是赫赫有名的。我常常想，他天天在教堂里忙来忙去，为什么不住在那里呢？

乡绅K写了一张240美元的借条，与我约定“秋后”还账。就是我们习惯于每年秋收时偿还全部欠款。那张欠条我还留着，一张已经褪色、泛黄、满是污点和裂痕的240美元借条，上面还写着“秋后”还账的字样，这个“秋后”得追溯到19世纪80年代。

乡绅K早就消失不见了，拿着自己的奖赏——我的辛苦钱——逍遥自在。说到这里我不知自己是该抬头冥想还是该低头悔恨。他没有留下任何地址，让我能找到哪怕是他的一丝痕迹。

但我明白了，所有的坎坷都是我上这所大学所交的学费，而在这其中学到的知识时时刻刻都在给我以警醒。在学校任教的经验固然弥足珍贵，但我获得了更为宝贵的经验，我付出每天步行13英里一共240美元学到了一个简单、微小，却无法从书本中学到的教训：愚蠢的人只会赚钱，只有聪明的人才会花钱。还有一点：与一等的罪人做生意要比二等圣人更安全。

这记耳光没有扇在教会脸上，而是扇在了教会最坏的敌人脸上，那是其自身的敌人。

## 高中毕业

我再讲一个教训吧，这个教训，每个心高气傲、不知回报的人都必须得学。

我们在家乡的高中举行了毕业典礼。一整班的青年才俊正跃跃欲试去征服世界。我们非常庆幸世界等了我们这么长时间，我们也确信世界也会得到丰厚的回报。

我们中有些人将成为总统和参议员，有些人将成为男作家和女作家，男诗人和女诗人，男科学家和女科学家，男天才和女天才，等等。班里只有一个男孩的前途不容乐观。这个叫吉姆·兰姆伯特的孩子对自己的职业生涯没有任何伟大设想，他甚至连一个邮政局长都不想做。他没办法像我们其他人一样学习，因为他缺乏非凡的才智。学校“有条件”地把他送入了毕业班，因此我们都看不起他。

毕业典礼临近，班委会达成了一致决议，并将吉姆带到了学校后面的房子里，向他宣布这项决议：他可以和整个班级一起毕业，但他不能上台演讲，因为他根本就不会发表演讲。典礼那天晚上，他们把吉姆藏在了舞台上一棵夹竹桃的后面。

## 刮目相看

那个想要成为作家的女孩最终在家庭电话交换台做了接线员，并已成为社区必不可少的一分子。那个想要成为诗人的女孩在本地邮局的邮递窗口服务并负责粘贴邮票。那个想要进国会的男孩留在了县里种玉米，而他的妻子是家里的一把手。

还有些人则表现出色，特别是吉姆·兰姆伯特。

这个不怎么聪明的孩子，却成了一家南方大工厂的老板，手下有一帮人为他工作。当年那些将他藏起来，不许他在毕业典礼上演讲的班委会成员们，现如今必须在门口排队等候，明晃晃的门牌上写着："兰姆伯特先生所有。"在访问前，他们得先递上名片，并且有个像看门狗似的警卫对他们讲道："长话短说，他很忙！"

他们将兰姆伯特先生的照片挂在高中校友会议厅的后面，也就是当年他们嫌吉姆不够聪明而把他藏起来的那间屋子。

迟钝的孩子们，如果你因无法像班里其他聪明的孩子一样学习而哭红了双眼，那么这个兰姆伯特的故事有没有使你为之一振呢？

## 21年后

我曾是校舍的看门人。

我的同学们永远不会想到，他们漫不经心的嘲笑，给一个衣衫褴褛靠擦地板和捡煤炭为生的男孩留下了多么大的创伤。

毕业典礼后，班上其他学生的职业生涯也正式开始了，而我的职业生涯似乎要在此时结束。他们离开学院，准备大展宏图。而我却穷得什么都干不了。典礼一周后我去了另一个城镇的印刷店，挽起袖子，开始在“魔鬼窟”里为了生计拼命。

多么辛苦的奔波啊！

我的命运充满了沮丧和痛苦。我没有像其他人那样的机会。

21年后，教育局送我回家乡做演讲。演讲者在回家乡做演讲时都激动万分，如霜冻一般痛彻心扉。他们又变回了孩子，他们不是什么演讲者，儿时与他们一起打闹的孩子们如今都坐在前排，他们的妻子和孩子也来了。他们演讲的内容都来自县城外的苦难经历，而演讲时，他们又会把故事串联在一起，演绎一场正义与邪恶针锋相对的战争。

我再次回到那个老礼堂，站在21年前的那个讲台上，演讲激情洋溢：“女士们，先生们！希腊已经消失，罗马也不复存在了，但不要害怕，因为我将拯救你们！”诸如此类的话。

然后我回到酒店，眼睛里噙着泪，心中无比激动，感激之情油然而生。我保存了一张21年前的毕业照。这些年来我一直没有看过这张照片，也无暇顾及。

那晚我凝视着这张照片，许久许久。通过重新审视，我得到了一个更为真实的生命真理。要想看尽人生百态，那就在深夜独自品味那张21年前和伙伴们的合影吧。

照片里是54个年轻人，一个个都准备大展宏图。但是，情况恰恰相反，那些我看好的人几乎都折戟沉沙，而那些我不看好的人却平步青云。当我们走出课堂后，有的人进了讲坛，有的人去了国会，而有的人锒铛入狱。这个班里有醉鬼、赌徒、遇难者，还有一个人自杀了。一个小小班级里的人，似乎饱经了人类所有的可能和失败。

拍照片时他们中最大的也不超过18岁，而每个人的命运都早已被判定。他们也一直沿着那条安排好的路在走着。

在学校里荒废了学业的孩子，在生活中也荒废了自己的事业。

在学校里最差的孩子，在生活中同样历经坎坷，但也正是这种坎坷，成就了他的一番事业。

吉姆·兰姆伯特依旧对机器很着迷，就像他对学习很迟钝一样。

那个曾经卖我刀的男孩欺骗了我，他总是能在交易中占我的便宜。后来他继续卖刀、行骗。21 年后，他因造假而锒铛入狱。现在的他是一个十足的恶人，而在 21 年前，他小规模地运用了同样的手法，却被称为聪明机智。回头看看，一切都很明了。

往事历历在目，而未来变幻莫测。

那个从不和人交往的书呆子哈利，从不窃窃私语，从不招惹麻烦。他经常梳着整齐的头发对别人礼貌地使用口头禅——“如果你愿意的话”。他的乖巧伤我甚深，母亲们在惩罚自己堕落的儿子时都会说：“为什么你不向哈利学学？他将来就是美国总统，而你却会进监狱。”那个模范哈利无所事事，只是闲坐在那里，充当一个榜样。韦伯斯特先生准确地将模范定义为真实事物的模型，哈利就是一个绝对成功的典范。而后来，40 岁的他衣衫褴褛、形容枯槁。只有那些行动迅速、精力旺盛，时而遭遇挫折并能从中获得丰富经验的孩子，才会真正有所作为。

还要提到的是克拉丽斯，她善于交际，是真正的班花。她曾在当地报纸举办的美容优惠券竞赛中赢得陶瓷花瓶大奖。这些年来她一直在社会上摸爬滚打，到头来却沦落到无人问津的地步。班级里别的女孩都是社交场合的“墙上花”，却成为社区家庭中的母亲。不知何故，男孩们讨好克拉丽斯，却选“墙上花”来主持他们的新家！

## 令人羡慕的男孩

弗兰克是我最羡慕的孩子。

他一切都好，美满的家庭，慈爱的父亲，富裕殷实，前程大好。大家都说，弗兰克是镇上最受欢迎的男孩，他很出色，还很可爱。人们总是说，他将名扬天下，整个镇都会感到骄傲。

在打印机前拼命的我不止一次羡慕弗兰克的运气。

21 年后，一走下老城的火车我就向接我的人打听："弗兰克在哪儿？"不一会儿，我们一起走到小镇边缘的墓地，在一座坟前，我看到石碑上写着"弗兰克"。

然后，我听说了那个让人备感遗憾的故事，那可是个老掉牙的故事了。故事讲的是，这个孩子占尽了优势和机会，一切都使他的生活显得太容易了。在生活这所社会大学里，成功就像馅饼一样是毫无固定模式的。他似乎从来都没有进入自己的社会角色，似乎总是陷入困惑。他葬送了一切希望，伤透了父亲的心，花光了所有的财产，震惊了社会，最终他亲手用子弹结束了自己荒废的生命。

## 摇桨的宾虚*

你知道“宾虚”的教训吗?

那个犹太男孩宾虚遭人诬陷，被从家中赶出，很不光彩，伤心欲绝。他被强行拉进法院，接受审判。他并没有得到公正的审判，在这个世界没有人能得到公正的审判。这就是为什么伟大的法官会说:“不要轻易判决，因为你还没有掌握充分的证据。”

然后，他被判刑。那些人将他发配到大船上，拴在长椅上，整日摇桨。日复一日，年复一年，他一边摇桨，一边遭受无情的鞭打。每一天他的背都流血不止，他心如刀割，以泪洗面。他是惨遭命运愚弄的牺牲品，一事无成，只能一下下地摇桨。

其实你我都一样，每天奔波忙碌。在厨房里、办公室里或任何别的地方，我们就像是那摇桨的奴隶。生活似乎就是希望渺茫，周而复始地辛苦工作。现实的皮鞭抽打在我们身上，令人痛心疾首。啊，上帝，我还要忍受多久！我们在街上到处都可以看到一些不用摇桨的人。他们过得比我们好，令人羡慕。

但是，我们没能发现的是，他们也是在摇桨。我们能看见的只是锁住我们自己的桨，却看不到他们的桨，不知道那些我们常

---

* 宾虚，美国作家华莱士长篇小说《宾虚》中的主人公，小说曾多次被改编为电影。

常羡慕的人也在嫉妒我们。

接下来再看一下安提俄克的战车比赛吧。广场里挤满了成千上万的人。看看梅撒拉，那个不可一世的罗马人；再看看另一辆战车，桨手宾虚驾着阿拉伯骏马誓与梅撒拉一决高下。一声巨响，两人风驰电掣般地冲了出去。谁会赢？数千人交头接耳，应该是“胳膊粗壮的那个”。

比赛到了关键时刻，宾虚挥舞着摇桨时锻炼出的那双铁臂，阿拉伯骏马随之追风逐电。宾虚获胜了！这全归功于他曾在船上摇过桨！要是宾虚从未被逮捕、判刑，他绝不可能赢得比赛。

迟早有一天我们会发现，我们摇着桨，被严峻的现实抽打着，认为命运不会再有任何改变，但每一次经过略有些盲从和绝望但却实实在在的努力，我们的力量却在某种程度上得以增长，就像一个存储力量的银行，正在一点点地追加利息。等到战车比赛来了，时机已经成熟，我们只需奋力一击就能取得胜利，不再被打倒。穿过彩云，转瞬间我们又回到了摇桨的船上。

站在弗兰克的坟墓前，我感谢上帝能让我去摇桨。我并不是一个成功的典范。但是，我非常庆幸能成为挫折大学初级班的一名学员。

# CHAPTER 6 憧憬未来

这是我生命中最美好的一天。

这是你生命中最美好的一天。

这是每个人生命中最美好的一天。

与以往任何时候相比，今天的我们更智慧、更强壮、更伟大。所有的过去都是我们今天的铺垫，我们用尽过去来为今天做准备，我为今天感到高兴！我为不相信这一点的人感到遗憾！我为在我的肩膀上哭泣并说“希望再回到童年”的人感到惋惜！噢，如果我只能过完此生，我的童年很开心，可我现在不快乐，无论如何，童年都是我一生中最美好的回忆。

醒醒吧，我的朋友！

你的时间已经开始一分一秒地过去！你说孩子是幸福的，可那些宝贝们不知道什么是幸福，因为他们还什么都不懂。必须经过时间的历练，经历挫折和失落，并自己哭喊着睡去，然后你才知道什么是真正的幸福。只有夜晚才能让我们懂得如何珍惜白天；只有饥饿才能让我们懂得如何品味食物；只有劳苦才能让我们懂得如何休息。你知道什么是天堂吗？当你不幸患上了牙痛，天天忍耐着直到痊愈，这最后的感觉就是在天堂。

## 等待晚宴

我的童年是悲哀的。

我不想再回到那段时光，不想再经历那时的一切。我不会寻找机会回到童年，然后再返回现在，我理所当然地毁掉了千百次这样的机会，都不知道自己是如何做到的。

孩子们，我的建议是，如果童年已经结束，就不要再像个孩子，人要往长远处看。

生活的真谛就是不断地进取。

我记得当我还是个孩子的时候，有位叔叔常来我家并留下来吃晚饭。他是我见过的最随便的、最爱留下来吃饭的人。他将享用一顿丰盛的晚餐。这位叔叔每次留下来吃饭时，妈妈总是一个人在外面忙来忙去。她会准备 11 瓶水果罐头，果冻和西瓜果酱，还会有一大盘炸鸡以及肉汁和土豆泥。

我太饿了，对这顿大餐早已是迫不及待。然而，叔叔会第一个坐在桌旁。爸爸对我说：“孩子，你去别的房间等着，这里没有你吃饭的地方。”

我曾在他们尽享晚餐时，自己待在别的房间里，并且饥饿难耐。我是所有人中最饿的一个，但只因为我是个孩子就不能和他们一起吃饭。当他们吃大餐时，我只能啪的一声用力关上房门，坐在那里抱怨这对我有多么的不公平。我也曾想象过，天堂一定会是一个大家都可以坐下来一起吃饭的地方。

我眼看着他们就要吃完晚饭了，盘中只剩下了最后一块炸鸡脖。噢，上帝，请为我留下那块炸鸡脖吧！

可是那位叔叔毫不犹豫地吃掉了那最后一块！

然后，我看着他酒足饭饱地来到我这个饥饿的小孩跟前。他来到我这个饥饿的、可怜的，一直在门后等待的小家伙面前，说：“佩里特兄弟，这是你的小孩吗？”他将手放在我的头上祈祷着什么，而我不需要他的关心和可怜。他还说：“孩子，现在你可以去吃晚餐了。”

现在！在所有炸鸡都被吃光的时候！

“好孩子，你现在可以去尽情享用晚餐了，因为你正在经历你生命中最美好的日子。”

大骗子！应该说我正在经历生命中最糟糕的日子。如果有个人是个小矮子，或者说一个人过得不快乐，那他一定是个孩子。

## 与年俱增

但我真的不想对孩子们说这些，因为我不想让他们不高兴，孩子们应该是开心的。

当一个男孩上唇长满了胡子，他是开心的。但当他感觉自己的嘴唇变得像张砂纸时，就像我现在这样，他更应该觉得开心，为什么呢？因为他做梦也没想到自己的幸福和快乐会逐年增加，会变得越来越多。

也许会有这样的情况，假如世界上所有的女孩被浓缩成一个女孩，而这个世界上唯一的女孩是属于他的，等他找到她的时候——会有这么一天的，或者根据女权主义的指引，她会反过来找到他——他将用他那宽大的、粗糙的、长有老茧的手紧紧握住她细小、柔软、白嫩的手，并且说："我将永远不会让这双小手去洗碗。"

真是经典的谎言！

他们将会认为此时此刻是无比幸福的。但这两个宝贵的孩子生活才刚刚开始，等你们到了我这个年龄——尽管这还很遥远——并且像我一样明白今天才是最好的时光，你们就会知道真正的感受了。比我年长的观众，我真的很羡慕你，你离天堂不远了；比我年轻的观众，我很同情你，你要抓紧时间赶上来！

一个孩子可以是充满快乐的，但当孩子尽显快乐时，他并没有拥有快乐，他所拥有的快乐都不会超出一品脱（液体容量单位），然后还会溢出来一些。

一段时间后，同一个孩子会拥有一夸脱*的快乐，并且他可以分辨清楚自己真正的快乐是什么。

如果我拥有一加仑的快乐，你们就应该拥有一桶**的快乐。我所说的重点并不单纯是容器的体积，而是容器每一次变大都增加了我们自身对快乐的容量。我们的生活起初很窄小，但它会随着时间的流逝不断地丰富起来，变得越来越宽广，来弥补对我们来说原本真的很小的旧世界，并且打破了生活的樊篱。欢呼吧，我们在天堂啦！

## 永葆青春

因此，我们不会变老。因为我们的生活永远不会停止，永远在继续。所有永恒的事情都从来不会停止。学堂会变旧，最终会倒塌；讲台会变旧，最终会被抛弃；即使是我的演讲也会变得微不足道，慢慢地被遗忘。

---

* 一夸脱，液体容量单位，相当于二品脱。

** 一桶，相当于 31.5 加仑。

但是，我们将永远都不会变老，因为上天不会变老。不知道为什么，我不会担心今天的结束，而我以前曾经担心过。过去我经常说："我现在没有时间来回答你！"但今天我却能如此轻松地直视着别人说："我不知道。"也许将来某一天我会知道答案吧！每一天我们都会明了某件事的答案！

我们要用一生的时间来探究它的无穷！

我发现，说这个世界正在退化的人一定是照镜子过于频繁了。

我发现，这个世界就是一面大镜子，而我们所看到的仅仅是我们心中所想的。

有人说："这个世界是邪恶的！"我为这样的人感到惋惜，因为他看到的是他自己。

有人说："这世界上的每个人都是强盗！"我同样为这样的人感到惋惜。本能地，我用手护住了自己的钱包。

如果我们大喊这个世界很坏，它也会像回声一样喊回来："坏！坏！坏！"

如果我们为这个世界歌唱，它也会为我们歌唱。

如果我们爱这个世界，它同样也会爱我们。

## 转败为胜

孩子们，当你在听演说家演讲的时候，是否注意到了他在演讲中所表现出的轻松自在和聪明才智，你有没有想过在此之前他长年累月的付出？你有没有想到他一次次地尝试，然后失败。他也曾经失落、受辱，然后心碎地回到自己的屋里？正是这一次次痛苦的经历和无情的结果才磨炼出了你现在所欣赏到的成功演说。你有没有想过这一点？

当你听到歌唱家在演唱的时候，是否想到他们轻松自如和打动人心的表演，是经过长年的努力，克服了不可避免的失败才获得的。每一个成功的演员，每一个成功的作家，或者是其他任何一个成功者都有着这样的故事。

你是否注意过，生活在气候温和地区的人们是最脆弱的；你是否注意过，那些征服世界、勇于挑战的人们都生活在酷暑严寒中。如果你生活在没有供暖系统室温就会降到零度以下的地区，你应该为此感到高兴。不要羡慕生活在温暖地区的人们，那里是另一种只能养出娇弱花朵的温室。

你是否注意过，人们在艰苦年代要比在物质丰富的年代更加成熟。在遭受厄运与失败的时候，人们往往会因祸得福。“富贵思淫欲。”人们只有在饥饿的时候才会祈求上帝的帮助。“这也不是我建造的巴比伦王国呀？”伯沙撒[*]将告诉你“艰难困苦”是不可缺少的磨炼。

你们是否还记得，他们曾把约翰·班扬关押在贝德福德监狱，在那里，他才写出了描写人性的名著《天路历程》，也许我们中的一些人也应该去监狱里完成我们的经典著作！你是否记得，一位作家在眼睛瞎了之后，才写出了《迷失的天堂》。

你是否还记得，以色列国王扫罗在迦玛列门下受教时，他拥有财富，受人尊重，但是，他必须得变成瞎子，被人鞭策，受人羞辱，之后他才能成为一国伟大的领导者。

在你的生活中，你能否领悟到，其实成功就像自焚，之后才能在灰烬中重生，凤凰涅槃。在失败和打击过后迎接我们的才是成功，阳光总在风雨后！当你毕业时，当你手拿毕业证书站在那里，亲戚朋友过来同你握手，并对你说："祝贺你成功！”我会同你握手，然后说："祝你失败！”或者“祝你遭遇白眼”，或者“祝你历经挫折”！

给你这样的祝福是因为我希望你能不畏艰难困苦，而让自己变得伟大、强壮、成功、快乐、有学识！

---

* 伯沙撒，新巴比伦王国的最后一位统治者（严格来说是共同摄政王），尼布甲尼撒之子。

# CHAPTER 7

# 攀登高峰

在加利福尼亚时，有一天，我去爬罗威山。

我知道，你们中的一些人一定爬过这座被喻为南加州橙色带的老哨兵的山脉。那一天我从享有“天使之城”和“真正的财富之都”美誉的洛杉矶出发，向帕萨迪纳行进，然后经过了阿尔塔迪纳，之后每隔半英里就会有一个“迪纳”式的山地。最后，我来到了罗威山的山脚，或者说是它山下的山丘。

我们穿越了鲁维奥峡谷，一直走到素有“工程奇迹”之称的三角洲地区。进去之后，我们才发现这里离地面有3500英尺。我们快速地离开了这个看起来很可怕的峡谷，在只有两根小木棒和一些绳了的情况下，凭借我的经验，顺着花岗岩悬崖的一侧攀到了回音山的顶端。

在回音山的山顶，我们解下那些攀登工具后，发现那里并不是那片山区的顶端，而只是大山一侧的一个部分。于是，我们乘坐有轨电车向五英里外的罗威山出发。我们一直坐到路上没有铺设铁轨的地方才停下来。而在这过程中，每一分钟都会让你体验到新鲜的、独一无二的刺激。这五英里的道路蜿蜒曲折，缠绕交错，转弯也很多！

我们经过了很多木桥，每次经过，木桥都会发出咯吱咯吱的声音，这时我便会抓紧座椅或扶手。

我们终于来到了最刺激的地方！售票处的工作人员对这个地方做出了承诺：如果你觉得这里没有广告中说的那么刺激，完全可以无条件退票。我看见它了！就在我的面前！我们的车飞快地驶过被人类钉在岩壁上的木架。

此时，我被那些负责钉这些钉子的人的真诚深深地震撼了！

我想，如果他们当初只是因为这是一项工作，甚至是为了混日子才钉的钉子，现在我们一定会看到车的一侧正在直线下跌！

车的另一侧对着悬崖。我们正在上升！大约一英里，无论是直线上升，还是直线下降，中途都无法停下来！

车停下来时，我们已到达海拔3500英尺的地方。我们来到了另一个山架，人们叫它高山旅社，科学也难以解释这一奇观。要登上罗威山的山顶还有11英尺的高度，并且还有一段三英里多的蜿蜒小路。我独自一人在中午前上路了。

## 登上云端

我最终登上了罗威山的顶峰，山顶是一块平坦的岩石，这里要比平原高出一英里。

此时，已不能用人类有限的词语来讲述我的美好经历，你需要亲身去体验。天空纯净、明朗，透过游动、颤抖的空气，我可以看见加州南部那一片橙色地带。所有的一切像是由青绿色、琥珀色和翡翠绿拼成的一幅绚丽图画，展现在我的眼前。我用望远镜看到了数英里以外的全景，这一距离在我的罗威山地图上只有一英尺长，从各个方位来观赏它却花费了我一个小时的时间。

在我的正下方是洛杉矶和帕萨迪纳。在我的右侧大约 40 英里处是太平洋，它似乎看起来离我很近。我感觉自己就在太平洋的岸边，顺手捡起石块，一下就能扔进海里。但是，当我真的把石块扔过去时，却砸在了自己的脚指头上，一座山竟也把我给骗了！

在我背后是高高耸立的花岗岩悬崖，而且我发现罗威山的顶峰只不过是高大的锯齿山脊的一侧。在我的左边是老秃头山，海拔 12000 英尺并且山顶终年积雪。

我从另一角度欣赏到了无限的景色，感觉自己就像在一间伟大的创作室之中。

现在，云来到了山谷，就在我的脚下，我已经登上云端了！云彩开始扩散、蔓延，直到覆盖了整个山谷。现在它靠近了我，氤氲的水汽使我明白山谷中正在下雨。那里确实在下雨，人们在说："下雨了，太阳躲起来了，天空满布阴霾。"

但我仍然站在山顶上，太阳正照耀着我。我头上的天空依旧晴朗，我脚下的地方却在下雨，我踩在暴风雨上，沐浴在阳光里。

我在距山谷一英里高的地方，散发着万丈光芒的阳光照耀在我的身上。

现在雨停了，经过雨水洗涤后的山谷变得更加明亮。我打算经由山坡下山了，在开始下山之前，暮色再次遮盖了山谷。

我向西南边望去，太阳正在下落，越来越低，直到它那红色的双唇亲吻到海洋蓝色的脸颊，它炙热的光辉和明亮的彩虹散布在西南方，而暮色向山谷东侧移动着，越来越宽，直到山谷完全变黑了。山谷中城市里的灯光开始闪烁，我知道这已经是夜晚了，人们在说："阳光逐渐退去，夜晚已经降临。"但当我转过身，回头看这座山时，看到辉煌的光芒仍在沐浴罗威山的山峰，而黑暗已经充满了山谷。山谷已是夜晚而山顶却依旧是白天！

噢，天啊！

我听到了这声音。我在山谷里和山顶上听见过它！我在暴风雨中听见过它，在夜幕降临万家灯火时也听见过它！

我的孩子，你在暴风雨里吗？攀登得更高一些，你就会变得平静。

你在黑暗中吗？攀登得更高一些，你将会看到光明，因为平静和光明就在我们的上方，就在暴风雨和黑暗的上方，而生活是从暴风雨和黑暗中走向平静和光明的旅程。

这些年里，我一直在攀爬我人生的山峰。我曾多次失足，多次摔落。我曾说：“我坚持不了太久了。”但现在，我感觉自己正在山坡上前行，我的视野更宽阔了。当我回顾过去，发现所有的困难都是教训，所有那些岩石都铺成了一步步的台阶。

从某种意义上来说，正是这些经历才使我越爬越高，越来越好。因为每天我都在前进；每天都会战胜一些曾使我们害怕的阻碍；每天都能跃过我们的局限。

今天是我们最好的时光，因为我们站在了最高点，但随着暴风雨和山谷夜晚的到来。我们应该发现所谓人生的巅峰只不过是永恒之山一侧的一个部分而已。我们应该已经在路上了，但仅仅迈出了第一步。我们应该向在我们之上百万英里的高度努力！

登上山顶的日子就像一个光荣的毕业典礼日，而毕业典礼日和硕士学位并不意味着结束，因为我们将要上升的高度没有尽头，直至永恒！

# The University of Hard Knocks

*The School That Completes Our Education*

*"He that overcometh shall inherit all things; and I will be his God, and he shall be my son."*

*Revelation 21:7*

*"Sweet are the uses of adversity; Which, like the toad, ugly and venomous. Wears yet a precious jewel in his head; And thus our life, exempt from public haunt, finds tongues in trees, books in running brooks, Sermons in stones, and good in everything."*

*—Shakespeare*

# Perhaps a Million People

HAVE PAID their money up to date to hear "The University of Hard Knocks" in Lyceum Courses, Chautauquas, Teachers' Institutes, Club Gatherings and other assemblages. Perhaps a thousand people have asked if the lecture could be gotten In book form. Perhaps a thousand more have written about it.

That is why it is here in book form. This is what they heard—or a part of it, for I have gathered up the overflow of many evenings and printed it. What is written here isn't the way I would write it; it is the way I said it. The lecture took this unconscious colloquial form before audiences. An audience makes a lecture, if the lecture survives. The first personal pronoun may seem to be overworked, because this is more a confession than a lecture, and you can't confess without saying "I."

I am just beginning to learn things. Every day I seem to learn better, and see better about something. I ought to wait till tomorrow to print this lecture, for tomorrow I shall know more and see how poor this lecture is.

But it is the best and sincerest I can do today. And you folks asked for it today. I wish I could shake the hand of every one of you and personally thank you.

Ralph Parlette.

The Lyceum Magazine,

Chicago,

Sept. 1, 1914.

# What It's All About

NOBODY CAN GIVE US OR BUY US AN EDUCATION. We earn it in The University of Hard Knocks—the School of Service. Books and Colleges only give us some tools—some of the best tools in the world.

We must use the tools in the School of Service. It is the Service, the Struggle, the Sacrifice, the Overcoming, the Achievement, that brings the Knowing, the Understanding, the Success, the Happiness, the Strength, the Greatness, the Life.

"He who would be greatest among you, let him become the Greatest Servant." For Greatness is merely ability to carry great loads, to serve greatly.

You cannot buy a great arm; you earn it in physical service. You cannot buy a great mind; you earn it in mental service.

You cannot buy a great character; you earn it in moral service.

The University of Hard Knocks is divided into two great colleges—The College of Needless Knocks (where we get our "bad luck") and the College of Needful Knocks (where we get our "good luck"). Every bump is a lesson. We learn so slowly (it takes most of our lives to learn a few little lessons) because most of us are "naturally bright."

We don't know what we have memorized; we only know what we have vitalized. We only know what we have lived. We only know what the courts will take as evidence when they swear us in as witnesses.

How long will America be strong and go forward? It will depend upon how many "Gussie" children we raise.

We are not growing old; we are growing eternally young. All our life up to today has been merely preparation for today. This is the greatest, wisest, happiest day in all our lives.

We have finished our education when all the strife, discord, evil, have been pounded out of our lives, and when Peace, Harmony, Love, Wisdom and Understanding fill them. Eternity alone can finish our Education.

As we overcome, we ascend the Mountain of Life. We rise above the legacy of our limitations. We rise above troubles and storms into the sunshine. We rise to life's mountain summit and see the night below us. We have reached the new eternal day on the summit—God's Commencement Day!

## *God Help Us*

To Know We are Little Children, Always Growing UP, but Never finishing

* * *

## *God Help Us*

To Keep On "Going South"<br>
To Keep On Serving<br>
To Keep On Overcoming<br>
That Our Days may be Longer, Stronger, Happier<br>
That We may have All The Good Things of Life<br>
That We may not "Rattle"

* * *

## *God Help Us*

To Know That<br>
YESTERDAY is Dead<br>
TODAY is the Best Day of Our Life<br>
TOMORROW is Going to be Better

# I

## *The Two Colleges*

ALL OVER this land are fathers and mothers saying, "We haven't had much chance in our lives, but we are going to give our children every chance. We are going to give our children the best education our money can buy."

They think they can buy an education and give it to their children C.O.D.!

But they cannot do it. They can only open the gate and say, "Sic'em, Tige!"

They can put money in their children's pockets, ideas in their heads and food in their stomachs. But the children do not yet own it—they must digest it.

We only own what we earn. We only know what we have lived. We only understand what we have proven in the laboratories of our experience.

We can't get something for nothing.

* * *

We do not learn from books, we learn from bumps.

We learn in the one great school—The University of Hard Knocks. Its playground is the universe ; its president is the Almighty.

Here we learn all we ever know, and write it in the only book we ever own—The Book of Our Experience.

Every bump we get is a lesson. If we learn the lesson with one bump, we don't get that bump any more; we get promoted to the next bump. But if we are "naturally bright" or there is something else the matter with us (and really about the worst thing that can be the matter with us is to be "naturally bright" and know it!), so that we don't learn that lesson with one bump, then that same bump has to come back and bump us again, and again, and again, until we do learn it. Afterwhile we realize in the Ianguage of Shakespeare or somebody, "Every little bumplet has a meaning all its own."

As we get wiser and sort out our bumps, we discover we have had two kinds of bumps—bumps that we needed, and bumps that we did not need. Bumps that we bumped into and bumps that bumped into us.

That is, we discover that The University of Hard Knocks has two colleges—The College of Needless Knocks and The College of Needful Knocks.

Children, I am afraid you won't believe what I am going to say. You can't tell young people anything. They are "naturally bright" and know better. So you'll just have to bump your heads where we older ones have bumped our heads! But if you'll remember what I am going to say, it will feel like a poultice after while.

* * *

## The Needless Knocks

AH! How I remember one early Needless Knock! It was back at the time when I was trying to run our home to suit myself. I sat in the highest chair in the family circle! I was four years old and ready to graduate. That day they had me in my little high-chair throne right up beside the dinner-table. The coffee-pot was within grabbing distance.

I became enamored with that coffee-pot. I decided I needed it in my business. I reached over there to get the coffee-pot. Just then I discovered a woman beside me. She was the most meddlesome woman I had ever known. I hadn't tried to do a thing in four years that woman hadn't tried to "butt in on" and stop.

I did want that coffee-pot. Nobody knows how I wanted that coffee-pot! One thing thou lackest—a coffee-pot! Just as I was going to get it, that woman said, "Don't touch that !"

The longer I thought about it the madder I became. What right has this female to interfere with every plan I make? Now I've stood this petticoat tyranny four years, and it's time to stop it. (I thought this, I did not say it. There is a fine point. ) Then I stopped it. I got the coffee-pot. I know I got the coffee-pot. I got it unanimously ! I know when I got it, and I know where I got it! I spilled about a gallon of that redhot juice all over me. I can feel it yet!

There were weeks after that when I was upholstered. They put applebutter on me, and kerosene, and starch, and white-of-an-egg and rags, and anything the neighbors could think of, they brought over and rubbed on little Ralphie. Because I had gotten the coffee-pot. Because I had had my own little foolish way.

My mother had a queer way of only telling me once. She wouldn't repeat or argue it. She'd say, "Don't !" and then she'd go on with her knitting. Why don't mothers knit any more?

I could go ahead and do it after that. She wouldn't even look at me. The neighbors used to say my mother was cruel with that "angel child." But the neighbors never knew what kind of an insect she was trying to raise. That was the quickest, kindest and best way to teach a little stubborn, self-willed boy like myself that if he didn't hear her that onee—and heed, then go on, Ralphie, your coffee-pot is ready.

It was always ready. I never disobeyed my mother in my life that a coffee-pot didn't spill on me and I got my blisters. She didn't inflict them. She wasn't much of an inflicter. Father attended to that in the laboratory back of the parsonage!

Yes, you're right. I'm one of them!

* * *

The years that since have passed have taught me that the College of Needless Knocks is run on the same plan. The Voice of Wisdom says to each of us, "Child of humanity, walk in the right path; you'll be wiser and happier." Then we are not stopped. We are told to do right, but we are not compelled to do right.

We are free im-moral agents!

We get off the right path, get on a wrong path, and it seems fine. It leads downward, and therefore is so easy to walk in, for we just slide downward. Paths that lead upward are harder to walk in, for they require climbing. Sooner or later the coffee-pot spills; we get our blisters and Needless Knocks. If you haven't gotten them, you have them coming.

I used to call them my "bad luck." I know better now; they are the punishment for our sins. And lucky are we if we learn the lesson with one bump. One time at a fair I paid a seeress two dollars to look into my honest palm. Then she said: "It hain't your fault you wasn't born right, you was born under an unlucky star !" You don't know how good that made me feel! It wasn't my fault, I was just unlucky and it had to be. But now I know better. I know we all get bumped and the lucky one is the one who learns the lesson with one bump and doesn't get bumped twice in the same place. Next time he sees that bump coming he says, "Excuse me, it hath a familiar look," and he dodges it.

If you are just drifting in your life, depend upon it, you are going downward. You cannot go upward without overcoming. Also notice that anything that runs itself, runs downward. Churches, schools, lyceum courses, chautauquas, reform movements—everything that leads upward—never run themselves ; they must be pushed every minute.

* * *

Human life is the Parable of the Prodigal Son. We leave the Father's House of Wisdom to see the world. Down the Great White Way of Artificial Life go the million prodigals, all seeking happiness. Their days fill up with emptiness and disappointment, their lives fill up with husks. Then as they are bumped they think upon their ways. Whenever anybody can be induced to think upon his ways he will see the emptiness of any life that is not growing in Wisdom and Strength, and arise and go back to his Father's House.

The devil is so busy with rattleboxes and razzledazzle, to keep people doped so that they will not think upon their ways. If you can't get a person to thinking, you can't help him. And it's mighty hard to get a young person to think. They know better. They are "naturally bright" and they can avoid the pitfalls and bumps that have wrecked the millions. They just have to get their coffee-pots. They just have to slide along amused and doped every minute.

So the Needless Knocks must come, and either knock them back to the right or knock them out of existence. How often we write into resolutions of respect, "Whereas, it has pleased an Allwise Providence to remove," when Providence didn't have anything at all to do with it. He was just knocked out.

There's so much suicide charged up to Providence !

* * *

## The Needful Knocks

BUT all of us have had bumps that we didn't bump into. They came bumping into us. Some of them almost crushed us. They gave us cruel pain, and perhaps we haven't gotten over them yet. Some day we shall see, if we haven't already seen, that they were Needful Knocks. We needed them, because everything has to be pounded before it fits, and you and I are being fitted with these Needful Knocks.

One day I was up the Missabe road about a hundred miles north of Duluth, Minnesota, and came to a hole in the ground. It was a big hole—about half-a-mile of hole. There were steam-shovels at work throwing out of the hole what I thought was red mud. I asked the man on the bank, "Kind sir, what is this red mud ?"

The man on the bank was a native and properly insulted. "That hain't red mud; that's iron ore, and it's the best iron ore in the world."

"What is that iron ore worth?"

"It hain't worth nothin' here. That's the reason we're movin' it."

Wasn't that good? There's red mud around every community that "hain't worth nothin'," and you'd do it a favor to move it. Send it to college, for instance!

Not very long after this, near Pittsburgh, Pennsylvania, I saw this same red mud. It had been moved over the Great Lakes and over the rails to what they call a blast furnace, but the technological name is The College of Needful Knocks for Red Mud.

I saw the red mud matriculate—saw it matriculate down into a big hopper with limestone and charcoal and other textbooks. Then they corked it up and school began. They roasted it. It's a great thing to be roasted. When it was done roasting they stopped.

They always stop roasting when we're done. If we are yet getting roasted, the probabilities are we are not yet done.

Then they pulled the plug out of the bottom of the college and had promotion exercises. The red mud squirted out into the sand. It wasn't red mud now, because it had been roasted. It was a freshman, pig iron, worth more money than red mud, because it had been roasted.

The pig iron that held out faithful went up into another department, a big teakettle thing, where it was roasted again, and now it came out a sophomore, steel, worth more money than pig iron.

The sophomore steel that held out faithful went into another department where, after they roasted it, they rolled it out thin into a junior.

Some of it went on farther and had so much more trouble and affliction. The red mud didn't ask to be taken out of the hole in the ground. They just came and took it. They went on day after day bumping it and roasting it. They slapped it, they stamped upon it, they twisted it, fashioned it, formed it. They hurt its feelings. They insulted it!

I hear that red mud crying out, "O, help! help! They're killing me! I can't stand this trouble! Why did they take me from my happy hole-in-the-ground? I have been good and honest, and yet they pound me and afflict me and break my heart. O, I'll never get over this. They'll never know me back in the hole in the ground."

But after that they gave it a diploma—a price-mark telling how much it had been bumped. Nobody wanted the red mud as long as it lay there in the hole-in-the-ground.

Nobody wants a loafer!

But everybody wanted it after it had been bumped and roasted. They paid the most money for what had been bumped and roasted the most. Now they sent it all over the world. They hung it in glass cases, and the people said, "Isn't that fine. We must have some of that." If a ton of that red mud had become watch-springs or razor-blades, the price had gone up into hundreds of thousands of dollars.

Fellow sufferers, all of us have to be bumped and roasted before we get into a glass case. The difference between the chunk of coal and the diamond is the Needful Knocks. There is no human diamond that has not been crystallized in the crucible of affliction. There is no great life that has not known the great crises of life.

Cheer up when the Needful Knocks come. Every bump is raising our price!

* * *

## How the Mississippi Becomes the Father of Waters

GO BACK to Minnesota. There is a little silvery sheet of water they call Lake Itasca. There is a place where a little stream leaps out of the lake. "What is this little creek ?" you ask Jim, who rows the boat.

"Creek !" snorts Jim. "That hain't no creek! That's the Mississippi River!"

The Mississippi River—the Father of Waters—that consumptive little streamlet! Better take it in at night; somebody'll steal it. So even the Father of Waters has to start as a baby! Here we are where that little Mississippi goes wabbling out from his cradle as unsteady as a calf on his new legs. He doesn't know where he is going, but he is "on the way."

He wabbles around over counties until he comes to the place where you and I come sooner or later. It is the place where Saul came on the road to Damascus. It is the place of the Heavenly Vision, or the Grand Bump. The place where we know which way we are to go. If you haven't heard the call, keep your ear to the receiver and you will hear it. Here gravity calls to the Missippi, "O, little stream wandering thru Minnesota, do you want to grow? Then you'll have to come south. Do you want to become the Father of Waters? Then you'll have to come south."

The little stream listens, then starts south. You never meet him after that but what he is going south. You never meet him but what he says, "Excuse me, but I cannot stop—I must keep on going south."

He doesn't branch out.

He specializes on going south. He has just one business in life, Going South.

He starts out in North Minnesota just like a boy or girl who gets the vision and call to do something. "Good bye, folks, I'm going south." And you can almost hear the wise men on the store-boxes saying, "Why, Mississippi, you hain't got water enough to get out of the county. You stay where you are. We know your folks." "Is not this the carpenter's son ?"

But the Mississippi doesn't try to get out of the county; he just tries to get south. He hasn't much water, but he doesn't wait for a relative to die and leave him some water. He starts with what water he has. He doesn't know it is fifteen hundred miles to the gulf. You and I don't know how far it is to our goal. I'm so glad of that—so glad we don't know the struggles and the bumps coming. But there is just one thing we can know—the direction.

And we all have enough water to start!

The Mississippi meets a stream the very first day. He picks up the stream and has some more water. He's a little bigger now and farther south. Next day he picks up another stream and makes it Mississippi. So he goes on south picking up brooklets, streamlets and rivulets. Business is picking up!

Every day he grows as he goes south. Presently you can hear the same wise men back on the store-boxes saying, "I always told you that Mississippi would get there!"

You always hear that after you begin to succeed. You always hear them saying you were somehow born lucky. The home town is the slowest to credit you with success, but after the outside world has labeled you a success, the home town overcredits you.

Generally you are dead about a hundred years before the home town band plays for you.

Aren't you glad the Mississippi went south? Had he gone any other direction he would have been lost in the woods.

* * *

The Mississippi gets to Minneapolis and St. Paul. Here are the Twin Cities that ought to meet the Mississippi with a brass band, because the river has made them about all the prosperity they have—has furnished the power for the greatest flour mills in the world. But the Twin Cities do to the Mississippi just what human beings do to you and to me.

Have you noticed it? The folks we help the most are generally the least grateful in return.

Don't wait to be thanked. Hurry on to avoid the kick!

Do good to others because it makes you happy. But don't wait for a receipt. You'll need a poultice every time you wait. I know, for I've waited.

Do good from principle. Don't expect to be thanked any more than the sun expects to be thanked for shining.

How easy to say, but O, how hard to do!

Minneapolis and St. Paul meet their benefactor with bricks. They hit him with tomato cans. They throw all their junk, their rag-tag and bob-tail—every old thing they don't want, down on the Mississippi.

The Mississippi doesn't resign!

The Mississippi doesn't tell a tale of woe. He doesn't say, "I'm not appreciated. My genius isn't understood. I'm not going to play. I'm not going a step farther. I'm going right back to Lake Itasca."

No—he doesn't even go to live with his father-in-law!

He says, "Thank you, Twin Cities, send it all along; every little helps." If you go a few miles below Minneapolis and St. Paul, you'll see a miracle. You'll see how the Mississippi takes over all this discouragement, defilement and poison. He purifies it, he clarifies it, thru some mysterious alchemy of nature. He makes it a part of himself—and he is Greater and Farther South!

* * *

## It's by Going South and Overcoming

Ah, stream from Itasca, I discover your secret of success. I discover how you become the Father of Waters. You keep on going south. Civilization conspires to defeat you. Chicago's drainage canal pollutes you. The flat, lazy Platte, three miles wide and three inches deep; the peevish, bridge-hungry Kaw, and all the other queer streams that unite to form that treacherous, irresponsible lower Missouri—all these pour over you. The big muddy Ohio besmirches you. The red floods, the blue floods, the brown floods, the black floods all try to defile you. But you take them over day by day, you purify them, you make them a part of you, and every night you are Greater and Farther South!

Nothing can discourage you, defile you, nor divert you. They build a great dam at Keokuk. But you only rise the higher and sweep over it, and that very struggle of overcoming sends the electric thrill of power and light all up and down the valley.

Power comes from overcoming resistance. One day the train stopped in Louisiana. We had come to a river so great science hasn't been able to put a bridge across. We had to stack up our train on a ferry-boat to cross the

Mississippi River.

Looking down into that lordly stream, now a good mile wide, hurrying to his long home in the gulf near at hand, there came a great thrill. I could shut my eyes and see the little stream in Minnesota struggling southward.

O, Father of Waters, you have fought a good fight! You have conquered gloriously! You bear on your bosom the commerce of many nations. I know why. Far back in Minnesota you got in the right channel, you learned the lessons of the knocks, and you never stopped Going South.

And I see how our lives may become great and successful. We must get the vision of direction, we must press southward day by day. And the countless streams of influence that pour over us, the good and the bad, need not defile, divert nor discourage. We must overcome them, take them over, make them a part of ourselves, and thus grow stronger!

* * *

All the promises of God are "To him that overcometh." All the kingdoms of earth and heaven and the fullness there of are to the overcomer!

There's not a crumb promised to the loafer, the shirker or the coward.

Go on South! Everyone of us is planned to be a Mississippi. But most of us stop in the Minnesota woods, or in the Twin Cities, or at Keokuk.

## II

## *How to Become Great*

ONE DAY the train stopped at a station to take water. Beside the track was a grocery store with a row of barrels of apples in front. There was one barrel full of big, red, fat apples. I rushed over and got a sack of the big, red, fat apples. Later on as the train was under way I looked in the sack and there wasn't a big, red, fat apple in the sack. All I could figure out was there was only one layer of the big, red, fat apples on the top of the barrel, and the groceryman, not desiring to spoil his sign, had reached down under the top layer.

Anyhow, he gave me the worst mess of runts and windfalls I ever saw in one sack. The things I said about the grocery business must have kept the recording angel busy!

Then I calmed down. Did the groceryman do that on purpose? Does the groceryman ever put the big apples on top and the little ones down underneath? Do you? Is there a groceryman in this audience?

O, man of sorrows! How you have been slandered! It never occurred to me until that moment, the groceryman doesn't put the big ones on top and the little ones underneath, because he doesn't have to. It does itself. It is the Shaking of the Barrel.

I remembered when I used to have big marbles and little marbles in my box. The big ones always shook to the top and the little ones shook to the bottom. I always noticed when big and little objects shook together, there was no mistake—the big shook up and the little shook down. Once a pike contractor in our home county forgot this. His contract called for the road to be made of small stones, but he got in a hurry and put big stones in the bottom of the road, and covered them over with little ones on the top. Before he could collect his money, the big stones were sticking their noses right up thru the top. And he didn't collect at all.

You little folks try that tomorrow. You put big marbles and little marbles together and shake them and see the big go up and the little go down.

* * *

I remembered when I used to haul apples to the cider-mill in the old dump-bed wagon. I didn't sort out the apples; I just threw them in any old way, and then drove four miles and a half over corduroy roads.

Do you remember about corduroy roads? O, poetry of motion! The wagon only "hit the high spots" as it bumped from log to log, and the apples were in the air most of the time.

And when I got to the cider-mill, it seemed as tho the big, fat apples were trying to get to the top and the runts were trying to hold a mass meeting in the bottom of the wagonbed.

The big ones had the good luck and the runts had the bad luck. The same bump was both good luck and bad luck—it depended upon the size of the apple. The same bump that sent the little one down, sent the big one up. It didn't depend upon the size of the bump, but upon the size of the bump-ee!

Here were two apples right side by side maybe brothers, a big brother and a little runt brother. They got the same bump. Little brother had bad luck and shook down, while big brother had good luck and shook up.

O, little apple, I'm sorry for you. But it's your own fault. Why don't you grow bigger? You little runt, growling about you "never had no chance" and "folks never used me right," you grow bigger. Get the lid off and begin to get more capable. And pretty soon the very bumps that used to be bad luck and push you down, will become good luck and push you up.

* * *

## We Make Our Own Places

O FELLOW APPLES! We are all apples in this great barrel of life, on the way to the market-place of the future. It's a corduroy road. Every day we shake about and get bumped. All life is a struggle to stay—a survival of the fittest. Every place is shaking—the postoffice, the pulpits, the schoolrooms, the stores, the shops, the offices. Anyone holding a place must fill it or he cannot stay there. If he does not fill it, he will rattle.

Nobody can stay where he rattles. He will shake down to a smaller place.

If he grows greater than the place, he will shake up to a greater place, or push out greater the place he is in, which is the same thing.

Here is all humanity in the barrel—big apples, little apples, freckled apples, speckled apples, green apples—and dried apples!

We are not the victims of a blind fate, nor creatures of chance. We have in our own hands the power to decide our destiny, as we grow or refuse to grow.

Some of us begin life on the top branches, right in the sunshine of popular favor, and get our names in the blue book at the start. Some of us begin down in the shade on the bottom branches, and we don't even "get invited." We often get discouraged as we look up to the top branches, and we say, "O, if I only had his chance! If I were only up there, I might amount to something. I'm too low down."

But we can grow!

After while we are all in the same barrel, shaken up and bumped about. There the people do not ask us, "On what branch of that tree did you grow?" so much as they inquire, "How big are you?"

* * *

## The One Who Shakes Up

Everywhere you look, in every community, in every business, you see the barrel sorting people according to size.

There is a city concern where a number of young ladies worked. Some of them had been there two years. There came a raw, green Dutch girl from the country. It was her first city office experience, and of course she got the bottom job. The other girls sneered at her. "Isn't she the limit?" they would say. They were right. She made so many blunders. But she didn't make the same blunder twice. Every time she was bumped she learned the lesson.

And she never "got done." When she had finished the work she had been put at, she could always see some other work that needed to be done, and she would go ahead and do it without being told. She had that rare faculty the world is bidding for—initiative. The other girls "got done." That is, when they had finished the work they had been put at, they would wait—O, so patiently they would wait—to be told what to do next.

Their heads were "fat." Sometimes I think a "fathead" is really worse than a "bonehead." Pardon this expression from the diamond.

In three months time every other girl in that office was asking questions of the little Dutch girl. She had learned more about the business in three months than the others had learned in two years. That is, she had grown greater than the others. The barrel did the rest. She shook above them. Today the little Dutch girl is giving orders to all the rest, for she is the superintendent of that office.

The other girls feel hurt about it. They will tell you, "There was nothing fair about that—nothing fair. Jennie ought to have had that job. Jennie had been here two years!"

But Jennie hadn't grown as great as "Dutchie"!

* * *

## The One Who Shakes Down

I stood in a paper-mill the other day, beside a long machine making shiny supercalendered paper. I asked the man working there some questions about the machine, which he answered fairly well. Then I asked him about a machine in the next room. He said, "I don't know anything about it, boss, I don't work there."

I asked him about another machine, and he replied, "I don't know anything about it, boss, I don't work there." When I asked him about the pulp mill in another building, he replied, "I don't know anything about it, boss, I don't work there."

"How long have you worked here?"

"About twelve years."

Going out of the building, I asked the foreman, "Brother, do you see that man over there at the supercalendered machine? Is he a human being? What's the matter with him?"

The foreman's face clouded. "I hate to talk to you about that man. He is one of the kindest-hearted men we ever had in this plant, and I just hate to tell him the thing I've got to tell him. You see he doesn't learn anything—doesn't try to learn, doesn't seem to care whether he learns or not, and we're afraid he'll break the machine he works at. We must let him go."

For he had begun to rattle. Nobody can stay where he rattles.

* * *

Now life is mainly routine. You and I and everybody must go on doing pretty much the same things over and over and over. Every day we have about the same round of duties. But if we go on doing just the same things in the same way over and over—just turning round and round in our places and not growing any, pretty soon we'll shrivel some and rattle.

We must be learning and growing to hold our place. The farmer must be getting a new vision of farming year by year, or he can't hold his place as a farmer. The merchant must be learning something new about merchandising. The mother must be getting a wider vision of homemaking. The preacher must be getting new visions or he cannot stand in his pulpit.

So we must keep on growing to stay the same size! Evaporation is going on all the time.

When anybody stays in the same place year after year, he doesn't rattle.

We never get done going south. Children, when you go off to college, don't get the idea you are going to a "finishing school," or you'll be finished.

When I hear anybody say, "You can't tell me anything about it; I know all there is to know about it," I know he rattles. When I hear anybody say, "I own the job; they just can't get along without me," poor fellow! I know he is rattling and going to shake down.

We must grow or go!

* * *

## You Must first Grow Great

We young people come up into life and want great places. I wouldn't give much for a young person who doesn't want a great place. I wouldn't give much for a young person who isn't full of ambition and hustle.

We think the way to get a great place is just to get it. Go after it and get it! If we don't have pull enough, get some more testimonials. We think if we could only get into a great place, we'd be great. But we wouldn't; we'd be a great joke! For we'd rattle.

We don't become great by getting into a great place any more than a boy becomes a man by putting on his father's boots. He rattles in the boots. He must grow greater feet before he gets greater boots. But he must get the feet before the boots!

No—we become great before we get the great place. As we become great, the barrel shakes us up to the place we fit. The place is only the label indicating our size.

Beware of testimonials! The man who has the most testimonials generally needs them the most. A testimonial is a crutch.

The little man tries to get the great place by getting testimonials. Many a man writes a testimonial to get rid of somebody. As he goes away with it, the writer says, "Well, I hope it will do him some good." It is dangerous, for the higher you boost a little man, the farther he is going to fall. It may break his neck, and writing that testimonial would be murder.

No, children, as you come up into life, don't worry so much about places. Try to get ready for places. They'll come to you just as fast as you are ready for them. You get the vision of what you are to do. You keep working and listening for the call, "Come south!" Then you go south! Get into the first place that opens on the way south, no matter if it is a knothole. Get into the knothole. Then get too great for the knothole. That doesn't mean get too big feeling, but it means doing more than you are paid to do, knowing more than you are paid to know in a knothole, and you simply cannot stay in the knothole. The barrel will shake you up into a bigger knothole. And on up just as fast as you grow great.

Don't worry about salary. Salary will take care of itself. Nobody can be long overpaid, nor long underpaid.

Our real pay is gotten out of our work, not out of our envelope.

How successful we are always means how happy we are.

* * *

## You Get It When You Get Ready

O, why didn't they make me see that back in the days when "Nobody used me right! Nobody'd give me a chance"?

I used to carry a dinner-pail past Bill Barlow's bank. I was working on the "section" for a dollar fifteen a day, and I rattled there. I didn't earn my wages. I watched the clock and left my pick up in the air when the whistle blew. I would look up into the big bank and see the mahogany furniture, and grow, "I ought to have that bank. I'm naturally bright. Everybody's trpng to keep a brilliant young man down! If the rich wasn't getting richer and the poor poorer, I'd be running that bank."

Did you ever hear that line of conversation? It generally comes from somebody who rattles where he is.

I do not mean that the bank job was any greater than the handcar job. But when I was not faithful over a few things I would have rattled over many.

I look back now in gratitude to realize I didn*t get the bank. Suppose I'd had my foolish wish, as the fairy books love to tell about love to tell about a clodhopper who is suddenly enchanted up into a king or something. Suppose they had put me up into the president's chair of that bank into a great place that was shaking all the time, where I would have rattled. I wouldn't have lasted fifteen minutes. I was a peanut and I would have rattled right down to the peanut row.

I look back over my life and I want to hold Thanksgiving services when I see that I didn't get the things I wanted at the time I wanted them. They would have been coffee-pots! Thank the Lord! we don't get a coffee-pot until we are ready to handle it.

Those dear folks who love to talk about leveling things and turning the barrel upside down, so as to give the little man a chance, should sit down and have a quiet think about this. The little man has the chance—just as fast as he grows greater. To turn the barrel upside down would put the little ones all on top and the big ones down in the bottom. But it wouldn't stop the barrel from shaking!

And there would be a great social earthquake that would send those little ones down and shake the big ones up, just as before.

You can't make apples of one size by act of Congress.

Quit trying to fix the barrel. fix the people inside the barrel. Show them how to grow greater.

* * *

Today you and I have things we couldn't have yesterday. We just wanted them yesterday—O, how we wanted them! But a cruel fate wouldn't let us have them. Today we have them—they come to us just as naturally, and we see it is because we have gotten ready for them, and the barrel has carried us up to them.

Today you and I want things beyond our reach. We just want them—O, how we want them! But a cruel fate won't let us have them.

That cruel fate is our own smallness. We are not big enough. Grow greater and we get them. We have today all we can stand today. More would wreck us.

"No good thing will He withhold from them" that grow great enough. (Revised version!)

* * *

### Moses was Eighty Years Preparing

LIFE IS Preparation, not Pursuit. You see the man pursuing hardest? By and by he will wail, "They beat me to it!" We don't have to pursue. We just have to prepare for things, and as fast as we prepare for things, the things come to us and say, "Here we are; please have us."

No great thing was ever done, save by great preparation.

Moses was eighty years old before he began his real job. Moses was eighty years getting ready to do that last forty years work. Eighty years getting ready to be Moses.

Jesus was thirty years getting ready to do three years work. Thirty years getting ready to be Jesus.

Most of us today expect to get ready in about four easy lessons by mail!

We can be a pumpkin in one summer—with the accent on the punk!

If we can't wait that long, cheer up, we can be a mushroom in a day. R-r-r-r-t! We're a mushroom—with the accent on the mush!

We can't be an oak that way. When we stop growing we stop living.

* * *

That story of Moses thrills me. I see Moses the little Hebrew babe in the bulrushes. I see Pharaoh's daughter come down to these same bulrushes. "O-o-o-oo-oo!" says Miss Phyllis Pharaoh, "here is Moses! Well, little tootsie wootsie, get into my limousine!"

I see them take little Moses out of the bulrushes into luxury. They give him a "bawth," they pour perfumery over him, they feed him Mellin's Food, they dress him in a cute little Lord Fauntleroy rig. Well, well, Moses, you look just too cunning for anything! You are fixed for life. Nothing to do now but to loaf around palaces, look at the album, smoke cigarets with your initials on them and wear a wrist watch!

If Moses had stayed around the palaces, he would have made a fine, fat mummy. All the rest of the palace people went to mummies. And Moses would have been the seventeenth mummy on the thirty-ninth shelf to the right, section Q!

Moses took off his tuxedo in time. He kept on going south. He left the riot and the debauchery of the palace. He went out into the desert to the

University of Hard Knocks. It took eighty years to get the meanness and selfishness and murder pounded out of him so that he could lead the Children of Israel thru the Wilderness. He had to cross the Red Sea and go up Sinai, and fight his way year by year before he stood upon Nebo, the great lawgiver we revere.

* * *

## We are Just Beginning!

Most of us die in the Wilderness—tickled to death with our press notices!

We make a little first reader success—some little knee-pants achievement—and our friends crowd around to congratulate us. They tell us we have arrived. We believe them!

We think we have arrived at the Gulf of Mexico, when we haven't gotten out of the woods of Minnesota. We stop going south and get embalmed. The world is just littered up with mummies who strut and squeak, "I'm a success. Do you not see I am a success? Why don't you shout for me? Here are my press notices."

Success is so hard to endure. We can endure ten defeats better than one victory.

And we can protect ourselves fairly well from our enemies, but heaven deliver us from our fool friends!

Generally speaking, the man who confesses that he is a success, isn't a success.

The man who is a success will tell you of the success he hopes for tomorrow.

Contentment with present achievement is sleeping sickness. There are two kinds of people in the world—Educated People and Fools. The Fools are the folks who have graduated. And quit!

The other day I saw in a music store the new Edison phonograph. I remembered when a boy back in the seventies I had seen the first phonograph—that tinfoil cylinder that screeched, scratched and stuttered. You wouldn't have it in your barn today to play to your "Ford". But the world said, "Wonderful! Wonderful! Mr. Edison has succeeded!" Everybody believed Mr. Edison had succeeded, save one man.

His name was Thomas A. Edison. He hadn't gotten to St. Paul in his going south. He went on succeeding. He went on working day and night. He went on making thousands of experiments. Today when he has become one of the world's greatest inventors, if we could bring him to this platform and ask him, "Wizard of Menlo Park, have you succeeded?" I am sure he would say, "My friends, I am only just beginning to do the things I hope yet to do. Everything I do today only lifts me higher to see how much more there is to be done tomorrow."

The oldest person in every audience (if he be living and not vegetating) is readiest to admit, "I am just beginning to learn."

The farther you travel thru life, the more you want to say with Newton after he has written the world a new science, "I seem to have been only like a boy playing on the seashore whilst the great ocean of truth lay all undiscovered before me!"

Nothing is ever perfected; it is just evolving.

The only successful man is the one who never gets done succeeding.

* * *

## We Bury Ourselves

Observe that Moses was eighty years getting ready for his job. His job was ready and waiting for him all these eighty years. All these eighty years the Children of Israel were groaning for a Moses. But Moses wasn't great enough.

You and I don't have to hunt for our job. It is ready for us, waiting for us, waiting for us to get great enough to do it. Everybody has a great job waiting, but so few of us keep on going south till we reach it.

If Moses had "retired" at seventy-nine, we would never have heard about him.

I wish I could impress upon you that all we have done up to today is just preparation for today. You and I are only children in God's great kindergarten, just learning our letters of life. It isn't hard to make these boys and girls believe that they are just beginning. But it is so hard to make us older boys and girls believe this. Our hair begins to get frosty or begins to wear off in spots, and we begin to say, "I am getting old."

And then we do get old. We age rapidly after that. Advertising gets results. We are exactly as old as we think. Age isn't birthdays; it is grunts.

We quit work and fold our hands. We say, "I've seen my best days." And we push forward the date of our funeral.

Every time we say, "My work is done," the undertaker greases his wagon.

* * *

Imagine Moses living today amidst the din of the high school orations on "The Age of the Young Man" and the Ostler idea that you are going downhill at fifty. Moses is eighty years old when he first gets into the newspapers. He is "living on borrowed time" when he puts himself at the head of the host of Israel.

I see his scandalized friends gather around him. "Moses! Moses! what is this we hear? You going to lead the Israelites to the Promised Land? Why, Moses, you are an old man. Why don't you act like an old man? You are liable to drop off any minute! Here is a pair of slippers. And keep out of the night air. It's so hard on old folks."

I hear Moses say, "No! No! I am just beginning. Watch things happen from now on. My chance has just come. Children of Israel, forward, march!"

I see Moses at eighty starting for the Wilderness so fast Aaron can hardly keep up.

Moses is eighty-five, and busier and more enthusiastic than ever. The people say, "Isn't Moses dead?" They reply, "No." "Well, why isn't he dead? He ought to be dead this minute."

They appoint a committee to bury Moses. You can't do anything in America without a committee. The committee gets out the invitations and makes all the arrangements for a gorgeous funeral next Thursday. They get the resolutions of respect—"Whereas—Whereas—Resolved—Resolved."

Then the committee waits on Moses. That's the job of every committee—to "wait" on something or other.

The committee goes up to General Moses' private office. It is his busy day. They have to stand in line and wait their turn. When they get up to Moses' desk, Moses says, "Boys, what is it, but cut it short, I'm very busy."

The committee commences to weep. "Why, General Moses, you don't understand. You are eighty-five years old and ought to be buried. We are the committee duly authorized to give you gorgeous burial. The funeral is to be next Thursday. Kindly die!"

I see Moses look over his appointments. "Next Thursday? Why, boys, every hour is taken next Thursday. I simply can't attend!"

And they couldn't bury Moses. He wouldn't attend. You can't bury anybody who is too busy to attend his own funeral. You can't bury anybody until he consents. It is bad manners!

The committee is so mortified. It had gotten all the invitations out for Moses' funeral and Moses wouldn't attend! Did you ever see the perversity and lack of appreciation of a man like Moses?

The committee waited. That's the job of a committee—to wait!

Moses is eighty-six and busier than ever. The committee says, "Moses, can you attend next Thursday?" And Moses says, "No, boys, I'm so busy I haven't time even to think about getting sick. You'll have to wait."

The committee waits. Moses is ninety, and rushed harder than ever. He is doing ten men's work and his friends all say he is killing himself. But he makes the committee wait.

Moses is ninety-five. Moses is a hundred. And the committee dies!

Moses goes right on shouting, "Onward!" "Speak to the children of Israel that they go forward." He is a hundred and ten. He is a hundred and twenty. Even then I read that "His eye was not dim, nor his natural force abated." He hadn't time to stop and abate them.

And God had to bury him. The committee was dead!

O, friends, this isn't irreverence. It is joyful reverence. It is the message to you and me: Get so busy and enthused in our work, see the greater things yet to be done, and we'll fool the "committee", and God will have to bury us, too. Then the resolutions of respect will come true—"Whereas, it has pleased an Allwise Providence to remove us," and we'll quit committing suicide and charging it up to Providence.

* * *

## The Secret of Greatness

DON'T MAKE the world's mistake of thinking that the top of the barrel always means getting to the top in worldly honors. Don't think becoming greatest means getting the greatest pile of material things. Don't think only a few can become greatest. It is everybody's privilege—no, everybody's duty—to become greatest.

I turn back to the book I used to sneer at—the book that the worldly-wise builders have always rejected, but it must become the head-stone of the corner in every abiding structure. Here I find the answer to every question.

Jesus had a couple of disciples—those Zebedee boys. They wanted to be great. James wanted to be secretary of state, and John wanted to be postmaster general, or something like that. They got very busy pursuing greatness, but they did not prepare for greatness. They got their mother out electioneering for them.

They came to the Master. "O, Master, we want the great jobs in your coming kingdom. We want to sit on either side of you on your throne. See! we have the home endorsement!"

Then the Master said, "O, boys, you rattle!" That is the Revised Version.

According to King James he said, "Can you drink of the cup that I drink of? and be baptized with the baptism that I am baptized with?" That is saying the same thing. They hadn't gotten ready for such greatness.

And then he said a wonderful thing: "Whosoever will be great among you, shall be your minister: and whosoever of you will be the chiefest, shall be servant of all ."

Do you believe that?

Whether you are really living and happy and successful, and strong and great and educated, depends upon whether you accept or reject that statement of the Wisest Man.

These two thousand years the world has mainly rejected it. The world goes frantically on trying to be great by being greatly served. The world tries to get a great salary, and get great power and a retinue of servants. Then after the world gets it all, it cries out in bitter disappointment, "All is vanity!"

Greatness is not in Getting, but in Giving.

Greatness merely means the ability to carry great loads and to bear great burdens. Greatness means giving great service.

* * *

## How All Become Greatest

When the widow came casting her two mites into the treasury, the Master said as he pointed to the rich men who had cast gifts into the same treasury, "This poor widow hath cast in more than they all. For all these have of their abundance cast in unto the offerings of God : but she of her penury hath cast in all the living that she had."

Here is the statement that when we have given all we have, nobody can give more.

Every one of us has a coin of talent—rich gifts, perhaps, but at least some little mite of a talent. May be just a talent for peeling potatoes, or driving nails, or ruling a nation. It matters not what our job, just so it be our work—the thing we can do.

When we have developed our talent to the highest possible efficiency—when we do with all our might what our hands find to do—when we are giving the greatest possible service out of our lives. We have become Greatest, by the divine definition.

There is no greater success, nor greater happiness, nor greater eminence, than just to be permitted (not compelled) to serve at the work we are best fitted to do.

That is the top of the barrel!

Quit fretting and worrying about the things you cannot get to do. Do the things with your might that you can get to do. Ruling or serving, it is all one.

I am learning to take off my hat to anybody who can do anything greatly. I don't know who fitted the boards in this floor, nor do I know all the great people who may come and stand upon this floor. But I do know that the one who made the floor is just as great as anybody in the world who can come and stand upon it—if Each be doing his work with the same Zeal and Faithfulness and Capability.

You thought when I was talking about the barrel shaking and the big ones going to the top, that I was sneering at the little man! Don't you see the only little man in the world is the man who won't serve?

Don't you see that all the promises in God's Word are for "him who overcometh?" Not one crumb for the loafer, the shirker, the selfish one.

The world says some of us have golden gifts, some silver gifts, but most of us have copper gifts. Yet when we have given all we have, there is a divine alchemy that transmutes every gift into gold. Everything becomes gold when given in a golden manner. Every work is drudgery when done selfishly. Every work becomes great and glorious when we put into it a great and glorious life.

* * *

## Happiness the Pay for Service

Have you ever been unhappy? I have. I have been so unhappy I wanted to die. I have been so unhappy I wanted to kill myself. I think I would have killed myself a great many times, but I was too big a coward! My life was such a failure. Nobody wanted me. The world seemed to want everybody else, but the world wouldn't have me.

Now I walk thru the same streets singing where once I went swearing. I marvel today how well the world uses me.

I had to get many, many bumps before I could see that I was trying to become great backwards. I was trying to get things selfishly and beat everybody to them. All I got was bumps and coffee-pots. I never knew one moment of real happiness until I turned around and tried to give some service out of my life.

Grow greater and your troubles grow smaller!

Are you unhappy in your work? Then you are working selfishly. And you'll have to get your bumps and coffee-pots to teach you you are going backwards.

You'll have to learn that greatness is not Getting but Giving.

You'll have to learn that the Service of God is the Service of Man.

* * *

## ONLY ONE BUSINESS

Then hear the conclusion of the whole matter : There is only one business in the world—"My Father's Business," as the child Jesus said in the temple. That is the Business of Being Happy. The business of making the kingdom of heaven appear on earth. The business of answering our daily prayer, "Thy kingdom come on earth as it is in heaven."

The pay for this business is not money but Happiness. We get it as we make others happy by lovingly serving them.

Keeping a grocery, teaching school, running a home, a bank, a farm or a factory—it's all one business of Service, and we are doing the part our talents determine.

He that saveth his life shall lose it. But he that loseth his life in service shall find it grown great and glorious and happy.

If you want to be great, don't go to Chicago or New York or chasing around the world to find it. Go back to your home—right back into your kitchen, or into your shop or your office and simply lose yourself in the service of others. Make your old work luminous with a new devotion. Presently you will find yourself upon a new throne of power; you will find the people rising up to call you blessed, and you will find that peace that passeth understanding.

* * *

We get all the Good things of Life in the School of Service. Here we get Wisdom, Understanding, Happiness, Manhood, Womanhood, Greatness.

Getting these is getting an Education. All the rest is scaffolding.

* * *

## FINDING THE GREAT PEOPLE

If I were making a roster of the great people in this community, I would not go first to the show places nor to the blue book. I would go to the firing-line, and where the burdens are heaviest.

I had to go to the shaft of a coal-mine in a little Illinois town the other day. The bureau had sent me there to lecture. I wondered what the grimy-faced man who came from the shaft wearing a miner's lamp in his cap, could possibly have to do with the lyceum course. But I learned he had sold all the tickets. That man is the superintendent of the one Sunday school in the town. That man is the storm-center of every altruistic effort in the town—the greatest man there, because the most serviceable, tho he works every day full time with his pick.

* * *

Chicago has a great man who preaches on Sundays to thousands. He writes books and runs a college. He is at the head of so many uplift movements that his name gets into the papers about every day, and you read it in almost every committee doing good things in Chicago.

He broke away from Chicago last summer to have a vacation at the chautauquas. Many people think that a vacation means going off somewhere and stretching under a tree or jumping into some sort of oblivion.

But this Chicago great man went from one chautauqua town to another, and took his vacation going up and down the streets. He dug into the local history of each place, and before dinner knew more about the place than most of the natives. "There's a sermon for me," he would exclaim every half-hour. He went to see people who were doing things. In every town he would discover somebody of unusual attainment, and he would visit him. He made every town an unusual town. He turned the humdrum travel map into a wonderland. He scolded lazy towns and praised enterprising towns. He stopped young fellows on the street. "What are you going to do in life?" Perhaps the young man would say he had no chance. "You come to Chicago, and I'll give you a chance."

So this Chicago man was busy every day, working overtime on his vacation. He was busy about other people's business. He did not once ask the price of land, or where there was a good investment for himself, but every day he was trying to make an investment in somebody else.

Ever so many of his friends worried about him. They would say, "Why doesn't he take care of himself? He just wears himself out for other people until he hasn't strength enough left to lecture and do his own work." Sometimes they were right.

* * *

But he that saveth his life shall lose it, and he that loseth his life in service finds it returning to him great and glorious. This man's preaching did not make him great. His college did not make him great. His books did not make him great. His life of service makes him great makes his preaching, his college, his books great.

This Chicago man gives his whole energy into service, and it becomes the fuel that makes the steam to accomplish all the wonderful things he does. Let him stop and "take care of himself," and his career would stop. If he had begun life by "taking care of himself," and "looking out for number one," and stipulating every cent he was to get, and writing it all down in advance in the contract, most likely Dr. Frank W. Gunsaulus would have remained a struggling, discouraged preacher in the backwoods of Morrow county, Ohio.

* * *

Gunsaulus often says : "You are planning and saving and telling yourself that afterwhile you can give and do great things. You are wrong. Give it now. Give your dollar now rather than your thousands afterwhile. You need to give it now, and the world needs to get it now."

# III

## *Service Completes Our Education*

THERE IS a factory town in the East. Not a pretty town, but just a great, dirty mill and a lot of little dirty houses around the mill. The hands lived in the little dirty houses and worked six days of the week in the big, dirty mill. On Sunday they didn't work, because this mill didn't run on Sunday. They went to the factory church. After preaching there would be "class-meeting," and about halfway thru the preacher would say, "We'll now change the order of the services." That meant get up and speak, if you had "religion." Always there was a little old, dried-up man on the front seat who would get up first.

Perhaps you would have laughed if you had never seen him before. He was dried-up and shriveled; one shoulder higher than the other and his head upside down—the smooth end of his head was on top.

This little old man would pop up first and say, "Brethern and sistern, I hain't got no book l'arnin' like the rest of you." He always said that. Every Sunday he would break the news to the congregation that he had no "book l'arnin' like the rest of you." Then he would tell them things, wonderful things.

He was the man who owned the mill. He had made it with his own hands out of nothing. The "brethern and sistern" all worked for him six days a week. He had never had school advantages and he had an idolatry for a book.

* * *

## Gussie and Bill Whackem

He had a little pink son, whose name was "F. Gustavus Adolphus." He often said, "I'm going to give that boy all the education my money can buy."

Thought he could buy an education—a thing you earn in service! The old man thought he could buy an education and give it to Gussie C. O. D.

The old man began to polish and sandpaper Gussie from the moment he could sit up in the cradle and notice things. He sent him to the astrologer, the phrenologer and all the other "ologers" they had around there, and got him "ologized." When Gussie was old enough to export, he sent him to one of the greatest universities in America. The fault wasn't with the university, nor with Gussie, who was bright and lovable. The fault was with the old father. In the blindness of his love he robbed his boy of his birthright.

What is every child's birthright ?

The opportunity of becoming great.

How do we become great ?

The Master told how—by Service.

Gussie had no chance to serve. Everything was bought and handed to him on a silver platter. Gussie went thru that great university just as a steer from the plains of Texas goes thru Mr. Armour's Institute of Pack-nology in Chicago. You remember that in Packingtown, when the steer matriculates—when he gets the grand bump, said steer doesn't have to do another thing after that. His education is all arranged for in advance and he merely rides thru and receives it. There is a row of professors with their sleeves rolled up who give him the degrees.

So as Mr. T. Steer of Panhandle goes riding thru on that trolley from the A-B-C of Packingtown to his eternal cold storage, each professor hits him a dab. He rides along from department to department until finally he is canned.

They canned Gussie.

Gussie had a man hired to study for him. He rode from department to department. They did their level best from the outside—upholstered him, enameled him, manicured him, sugar-cured him, embalmed him. Gussie was done and the paint dry.

He was a thing of beauty!

* * *

## Mill Closes Down Three Times

Gussie came back home with his education in the baggage-car. The mill shut down on a week day, the first time in its history. The hands all marched down to the train, and when the young lord alighted, the factory band played, "See! the Conquering Hero Comes!"

A few years later the mill again shut down on a week day. They had crape on the office door. Men and women stood on the streets weeping. The little old father to the community had been translated. When they opened the mill after that, F. Gustavus Adolphus, who had inherited the plant, sat in the office where the old man had sat so long.

He sat in a great place, made by a great life of service. It was shaking and Gussie rattled, for he was not great.

You can't stay where you rattle—not even if you own the place. In two years and seven months the mill was a wreck, under the boy with all the advantages the old man hadn't had.

The mill was shut down the third time on a week day. It looked like it wouldn't open again, for there wasn't much left to open. But it did open, and with a new kind of a boss.

If I were to give that new boss a descriptive name, I certainly would call him Bill Whackem. He was an orphan. He hadn't any chance. He had a new black eye almost every day. But he just seemed to fatten on bumps. Every time Bill got a bump he would swell up. Anybody who swells up—in efficiency, goes up. The barrel shakes him up.

Bill Whackem became the most useful and serviceable man in the community. People forgot all about Bill's lowly origin. They got to looking to Bill to start and run things. By the divine definition, Bill went to the top. So when the courts were looking for somebody to handle the wreck of the mill, it wasn't any accident that led them to appoint Hon. William Whackem receiver for it.

It was Bill who put the wreckage together, made the wheels go round and put that hungry town back to work.

* * *

## Hard Knocks Graduates

This does not argue against the book or the college. I have not come to attack books and colleges, but to defend them. Books and colleges suffer at the hands of their friends. They say to the book and college, "Give us an education." They are just as thoughtless as the unthinking ones who say, "The college made a fool out of Gussie."

You can't get an education from a book or a college. You can only get the tools, perhaps the best tools in the world. After you get them you must go out into the School of Service and achieve your education.

In every community there are Hard Knocks graduates—people who have made a success of life without books. They achieved it with some poor, homemade tools. Every time they try to hit the big lick they feel the lack of the early training and the more efficient equipment. That is why they say to young people, "All my life I have been handicapped from lack of proper preparation. Don't make my mistake—go to school."

They are like the man here and there who is an electrical genius and you see him with crude apparatus doing really remarkable things. But how much more that same genius would accomplish with a full Westinghouse equipment.

* * *

## The Tragedy of America

THE STORY of Gussie and Bill Whackem is being written in every community in tears, failure and heartache. It is the Tragedy of American Civilization. In every community there are fathers and mothers saying, "We haven't had much chance in our lives. But please God, our children are going to have every chance we can give them."

So they toil and save; they get great farms, fine homes, big bank accounts. Not for themselves, but for their children. This is right. Give the children all you can, if you want to do it. Make them the greatest place you possibly can make.

But remember the barrel shakes.

Remember every place is shaking.

If you make a great place for your child, you must see to it that the child becomes just as great as the place.

Else the child will rattle, will get its bumps, will possibly make wreck of it all.

Then remember, the child will get the blame for making the wreck, when the child is the helpless victim. Gussie was blamed for wrecking his father's mill.

If you make a great place for your child and do not see to it that the child becomes as great as the place it is to occupy, you have cruelly robbed your child of its birthright.

And seven out of ten parents all over this land are doing it!

A man heard me telling the story of Gussie and Bill Whackem and he went out of my audience very indignant. He said he was very glad his boy wasn't there to hear it. He wouldn't for the world have his boy hear such stuff. But that good, deluded father now has his head bowed in shame over the career of his spoiled son.

Poor Harry Thaw! Front-paged in the newspapers, gibbeted in the pulpits these years as the shocking example of youthful depravity. He never had a fighting-chance to become a man. Perhaps there never was a child more cruelly and deliberately robbed of his birthright than this same denatured Harry Thaw. Yet in the annals of the Keystone State there are few such great business generals as the father of Harry Thaw. He could build a great coal-empire and command a great army of men, but was strangely blind to the fact that the barrel shakes.

It isn't the ignorant who make this mistake half so much as the educated, the rich and the worldly wise.

The Menace of America lies not in the Swollen Fortunes, but in the Shrunken Souls who inherit them.

How long this nation will endure will depend upon how many Gussie boys this nation produces. Do you notice how few of our great men get their start with steam heat?

* * *

## CHILDREN, LEARN THIS EARLY

You boys and girls, God bless you! You have fine homes. Papa and mama love you and give you everything you need. I wonder if you get to thinking, "I don't have to turn my hand over. Papa and mama will take care of me, and when they are gone I'll inherit everything they have, so I am fixed for life."

I'm sorry for you if you think that. You are a candidate for trouble. You are going to rattle and get your bumps.

Learn it now, children: You cannot get something for nothing! Nobody can give you anything. They can "wish" it upon you. Father and mother can put money in your pocket, but you do not own it until you have earned it. They can put ideas in your mind, but you do not own them until you have proven them. They can put food in your stomach, but you do not own it until you have digested it.

You only know what you have written in the Book of Your Experience what the courts will take as evidence when they have sworn you in as witness.

You must work, you must struggle, you must serve, you must overcome.

Not to get food. You can sit around and they'll take you to the poorhouse and make you eat! But to get Wisdom, Understanding, Happiness, Manhood, Womanhood.

You get Strength from Struggle.

You get Life from Overcoming.

You get Happiness from Service.

You cannot buy a Great Arm. You earn it in Physical Service.

You cannot buy a Great Mind. You earn it in mental Service.

You cannot buy a Great Character. You earn it in Moral Service. You overcome evil in your life. Each battle you win the angels come to minister to you. Each victory gives you more surely the scepter of power won only by the real kings and queens of earth—those who demonstrate that "He who ruleth his own spirit is greater than he who taketh the city."

For if you cannot rule your own spirit, you cannot hold the city after you have taken it.

* * *

## Happiness is in Your Work

I have often thought that the three greatest diseases in America today (1915) are Vacations, Coca Cola and The Saturday Evening Post.

I don't want to attack these famous institutions "per se." They are merely symptoms. "If business interferes with pleasure, cut out the business." We simply must be amused. Where the crowd is greatest that artificial, feverish note is loudest.

We read ourselves drunk just as surely as we drink ourselves drunk. There are ten literary drunkards, twenty amusement drunkards and fifty vacation drunkards to one alcoholic drunkard. The best-selling newsstand dope is turning America into a mental frog-pond and an intellectual slum. We are in the business of vacating ourselves into a vacancy.

Loving friends used to warn me against "breaking down." They scared me into "taking care" of myself. And I used to rest and take such good care of myself I became a physical wreck.

I saved myself by getting busier. I plunged into work I love. I found my joy in my work, not away from it. Now I do two or three men's work, and have grown from a skinny, fretful, nervous wreck into a hearty, happy man. This has been a great surprise to the world and a great disappointment to the undertaker. I am an editor in the daytime and a lecturer at night.

I edit all day and then take a vacation lecturing at night. I lecture every day—maybe two or three times—and then take a vacation at the edit job. Every day is just jam full of play and vacation. The year is one round of joy, and I ought to pay people for the privilege of speaking and writing to them instead of them paying me!

You see, I haven't any time nowadays to break down. I haven't any time to think and grunt and worry about my body. And like Paul I am happy to be "absent from the body and present with the Lord," and this old body behaves just beautifully and wags along like the tail follows the dog when I forget all about it. The grunter lets the tail wag the dog!

* * *

I have never known a case of "overwork". I have never known of anybody killing himself by working. But I have known of multitudes killing themselves by taking vacations.

The people who think they are overworking are merely overworrying. This is one species of selfishnesss.

To worry is to doubt God.

To work at the things you love, or for the ones you love, is to turn work into play and duty into privilege.

* * *

Don't you get lonely in a city? There's so few men and women there. There's a jam of people, most of them imitations—most of them trying to look like they get more salary. I get lonely among the butterflies of the brightlights. They are chasing amusement down the great white way. They must be amused every moment or they'll have to be alone with their empty lives. Rattleboxes and sugartits! The Prodigal Son came to himself at last and thought upon his ways. Then he arose and went to his father's house. Whenever anybody will stop chasing amusements long enough to think upon his ways, he will arise and go to his Father's House of Wisdom. There's no hope for anybody who will not stop chasing amusement long enough to think. And the devil works day and night shifts keeping the crowd from stopping to think.

* * *

That's why the crowd isn't furnishing the strong men and women.

We must have amusement and relaxation. Study your muscles. first they contract, and then they relax. But the muscle that goes on continually relaxing is degenerating. And the individual, the community, the nation that goes on relaxing, without contracting, serving, overcoming, struggling, is degenerating.

And the more you study your muscles, the more you learn that when one muscle is relaxing, another is contracting. So you must learn that your real vacation, amusement, relaxation, is merely changing over to working another set of muscles.

Go to the bank president's office; go to the railroad magnate's office; go to the great pulpit, to the college chair—go to any place of great responsibility in a city and ask the one who fills that place, "Were you born in this city?"

The reply is almost a monotony: "I born in this city? No—I was born in Poseyville, Indiana, and I came to this city forty years ago and went to work at the bottom." He glows as he tells you of some log-cabin home, hillside or farmside where he struggled as a boy. Personally, I think this log-cabin business has been overworked for campaign purposes. Give me steam heat every time—and push-buttons. There's no virtue in a logcabin, save that there the necessity for the struggle that brings the strength is most in evidence. There the young person gets the struggle and service that make for strength and greatness. And as that young person comes to the city and shakes in the barrel among the weaklings of the amusement-doped, clock-watching crowd, he rises above them like an eagle rises above a lot of chattering sparrows.

Tlie cities do not make their own steam. The little minority from the farms and the hillsides controls the majority. The red blood of redemption from the country flows year by year into the national arteries, else the cities would weaken and drop off the map. If it weren't for Poseyville, Indiana, Chicago would slide into the lake. If it were not for Poseyville,

New York would lose her leadership.

* * *

I believe the most useful schools in America are the ones offering the most facilities to young people to work their way thru. Dr. H. S. Lehr used to say with pride, "Our students come to school; they are not sent." Most of those students were working their way thru. And I do not believe there is a school in America that can show an alumni roster of men and women of uniformly greater achievement.

This is uniting the School of Books with the School of Service that completes our education.

* * *

The Home Towns of America are sick. Some of them are dying, some are dead.

The Lure of the City is doing it.

It must be fought with the Lure of the Country. We must make the Home Town the brightest, most attractive, most promising place for every young person. The town that the young people leave is the town that the young people ought to leave.

America is to be great not in the greatness of a few cities, but in the greatness of innumerable Home Towns.

The slogan of the next great American Crusade must be, "For God and Home and the Home Town."

# IV

## *The Violin and the Tuning*

ONE DAY a great manufacturer took me thru his factory where he makes fiddles. He doesn't make violins; he makes fiddles.

A violin is only a fiddle with a college education.

I have had the feeling ever since that you and I come into this world like the fiddle comes from the factory. We have a body and a neck. That's about all there is, either to us or to the fiddle. We are empty. We haven't any strings. We haven't any bow—or any beau—yet!

When the human fiddles are about six years old they go into the primary schools and up thru the grammar grades, and get the first string—that little skinny E string. The trouble is, so many of them think they are an orchestra right away. They want to quit school and go fiddling thru life on one string!

We must show these little fiddles they must get back into school and go up thru all the departments and institutions necessary to get the full complement of strings for their life symphonies.

After all this there comes the commencement, and the violin comes forth with the E, A, D and G strings all in place. Is it educated? Why is a violin ? To wear strings ? Gussie got that far and gave a lot of discord. The violin is to give music.

So there is much yet to do after getting the strings. All the book and the college can do is to give the strings—the tools, as we saw in the last chapter. After that the violin must go out into God's great Tuning School, the School of Service, and have the pegs turned.

* * *

All you ever know is what you learn in the School of Service. All you ever know is what you have lived—what you have translated from the Book of Theory into the Book of Experience. What you have put in tune. Not what you have memorized, but what you have vitalized.

In its last analysis, all you really know is what the courts will take as evidence when you are sworn in as witness. Gussie says, "I have read in a book." Bill Whackem says, "I know!"

All of us are Christopher Columbuses, discovering the same new-old continents of Truth. We have read about them in a hazy way. We do not know them until suddenly we come upon them in our lives, and then the oldest, driest platitude crystallizes into a flashing jewel of truth in our consciousness.

* * *

O, there's such a difference between reading a thing and knowing a thing. I used to stand in the row of blessed little rascals in the old "deestrick school" and read out of McGuffey's celebrated literature, "If—I—p-p-play—with—the—fi-fi—i-i-i-r-r-r-e—I—will—g-e-e-e-t—m-y-y-y—f-f-f-ing-er-rr-rs— bur-r-r-r-ned—period!"

I didn't learn that. I wish I had learned by reading in that reader that if I play with the fire I will get my fingers burned. I had to slap my hands on hot stoves and coffee-pots, and get all kinds of blisters, to learn it. Then I had to go around showing the blisters, boring my friends and taking up a collection of sympathy—"Look at my bad luck!" Fool!

This isn't a lecture—this is a confession!

* * *

## Learning About Something for Nothing

I WAS thirty-four years learning one sentence—You can't get something for nothing! It took me so long because I was naturally bright. It takes that kind longer than a human being. They are so smart you can't teach them with a few bumps—you have to pulverize them.

That sentence takes me back to the days when I was a "hired man" on the farm. You'd hardly believe it—that I used to be a "hired man" on the farm at ten dollars a month, and "washed, mended and found." You see me standing on this platform in my graceful and cultured manner, and you wouldn't believe that I had ever trained an orphan calf to drink out of a copper kettle, or that I had ever driven a yoke of oxen and said the words I thought had to go with that job. May the Lord forgive me; but I have!

I went to my first county fair. Fellow sufferers, you remember that at a county fair all the folks sort out into their own departments. Some people go to the fancy-work department, some go to the canned fruit department, some go to the swine department—everybody goes to his own department. And the suckers! They go to their department. That is the "trimming department."

I was in the "trimming department" in five minutes. Nobody told me where it was. I didn't need to be told. All the suckers on the grounds were there. That is because the barrel always shakes all of one size to one place.

Right at the entrance of the local Midway, I met a gentleman. I know he was a gentleman because he said he was a gentleman. He had a little light table that he could move quickly. Whenever the climate became too salubrious, he would move the table to pastures greener.

On that table were three little shells in a row. There was a little pea under the middle shell. I saw it there! But the man was fooled about it—the gentleman running the game. He thought it was under the end shell, and he kept watching that end shell. I knew better, for I was naturally bright. He bet me it was under the end shell. Here was a great chance to get something for nothing. I bet all the money I had on that middle shell. This wasn't gambling—this was a sure thing. (It was!) I hated to take the money. It seemed like robbing father. The gentleman had a family to keep and here I was robbing him, because I was brighter than he.

But I did not rob father! Father cleaned me out of every cent I had in about four seconds. I went over to the other side of the grounds. That was all I could do now—I couldn't go in and see the mermaid. But I didn't learn the lesson from the bump. I said the thing every fool says when he gets his bump and doesn't learn: "Next time I'll be more careful."

When anybody says that, he's due for a return date on the same bump!

* * *

## Getting in on the Ground Floor

I grew older and people began to notice I was naturally bright and therefore good picking. They began to let me in on the ground floor. Did anybody ever let you in on the ground floor? I never could stick. I always slid thru somehow and landed in the cellar, every time anybody let me in on the ground floor.

I began to invest in gold mines. And silver mines. Nobody knows—nobody ever will know, if I can help it, how many gold and silver and precious metal mines I am in. I'm in them yet. I can't get out. I have something to live for—the dividends! I've been so near to the dividends I could smell them! Only one more assessment, and then we'll cut the melon! I've heard that all my life and have never yet gotten a piece of the rind!

* * *

I got the gold cure without Dr. Keeley's aid. Then I got interested in Florida, thru some kind friends in Kansas City who desired to make me rich in the Everglades. I have an alligator ranch in Florida, below the frost line. Alligators do better below the frost line. I'll sell it by the gallon.

Which is not saying all Florida is bunk—no indeed, just the part the slick promoter sells you for a song, the part that is going to double in value before the fifteenth of next month.

* * *

## Getting "Selected"

I was thirty-four years old when the big killing came. Fellow sufferers, if you have tears to shed, get your shedder ready!

I got a confidential letter from a friend of our family I had never met. His name was Thomas A. Cleage, and he lived in the Rialto Building, St. Louis, Missouri. He wrote me this in extreme confidence: "You have been selected."

Ah! were you ever selected ?

Then you know the thrill of joy that rent my manly bosom as I read this letter from this friend of our family who wrote: "You have been selected, because you are a prominent citizen and have a large influence in your community."

You see, he did know me!

"You are to receive a thousand percent dividends." A thousand percent! Did you get that ? I hope you did. I didn't!

I took a night train to St. Louis. I was so afraid somebody would beat me there. I sat up all night in a day coach to save money for Tom. But I needn't to have hurried so. Tom would have waited a month on me—with the sheep-shears ready! "Lambie, lambie, lambie! Come to St. Louis!"

I don't get any sympathy from this crowd. You jeer, you laugh, you respect not my feelings. I'm not going to tell you a thing that happened in St. Louis. It is none of your business!

But I'm so glad I went to St. Louis. I was naturally bright. So bright I couldn't learn back in the Ohio town, but had to go clear to St. Louis, Missouri, to Thomas A. Cleage's bucket-shop, and pay Tom eleven hundred dollars. But I got the thirty-third degree. I got the cure—got the fever all out of my blood.

It is worth eleven hundred dollars every day to know that one sentence—You can't get something for nothing. Not merely to know it, but to KNOW it. Life just begins to get juicy when you KNOW it. Oh, the joy of going thru life day by day and not getting fussed up over these chances to get something for nothing. I wouldn't grasp a fortune now—wouldn't touch it if it were right here on the platform. Come away, Ralphie, it doesn't belong to you; somebody lost it. It's a coffee-pot!

If anybody now offers me more than ten to twenty percent dividends I know he is no friend to our family.

If he offers me fifty percent, I shout for the police.

I'm yet on the suckers' lists. Just the other day I got another confidential letter. It started out, "You have been se—" Plunk! It went into the waste-basket.

* * *

Oh, Absalom, my son, my son! Learn it early in life—the law of compensation is never suspended; you can't get something for nothing. If you don't, then you'll be selected to receive a thousand percent dividends, too. But, Ab, it always means, you have been selected to receive this bunch of blisters because you look like the biggest sucker on the local landscape!

* * *

The other night in a little town of perhaps a thousand, a banker took me up to his office after the lecture, in which I had related the above. "The audience laughed with you and thought it very, very funny," said he. "I wish you knew how tragically true is every word of it. I wish you could see what I have to see in this town. I wish you could know of the thousands of dollars that go out of this community every month into just such fool enterprises as you confessed to. The saddest part of it is that these thousands come from the pockets of the people who can least afford to lose."

* * *

So I have no apology to offer for taking all this time to tell how I have learned one sentence. If it took me thirty-four years to learn one sentence, don't you see the need of an eternity? To me that is the greatest argument for eternal life—how slowly I learn.

* * *

## Those Commencement Orations

YET EVERY DAY some young person says: "You see, by June I shall have finished my education."

Bless them all! They will have merely gotten another string on their fiddle.

After they "finish" they will have a Commence-ment, not an End-ment, as they think. Just the commencement of the next chapter of their infinite education. Children, this is not to sneer, but to cheer. Isn't it glorious that life is one infinite succession of commencements and promotions!

I love to attend high school commencements. The stage is so beautifully decorated. There is a row of geraniums in front, there is a big oleander on the side, and a long-whiskered rug in the middle, just as the Ladies' Home Journal directs in the April number. The graduates sit in a semicircle on the stage in their new patent leather. I know how it hurts. It is the first time they have worn it.

Then they make their orations. Every time I hear their orations I like them better, because every year I am getting younger. Damsel Number One comes forth and begins:

"Beyond the Alps (sweep arms forward to the left, left arm higher) lieth Italy! (Bring arms down, let the fingers follow the wrist. Wouldn't it be embarrassing at a commencement, if the fingers wouldn't follow the wrist? Think of the shock to the audience if the wrist should sweep downward and the fingers should stay up in the air!)

Applause, especially from relatives. Damsel Number Two, who generally comes second, now stands forth at the same lead-pencil mark on the floor, resplendent in a pink creation caught up with something-or-other :

"We (hands at half-mast and separating) are rowing (business of propelling an aerial boat with two fingers of each hand, head inclined). We are not drifting (hands slide downward)."

* * *

Children, we are not laughing at you. We are laughing at ourselves, and at how we have learned these great truths that you have memorized, but not vitalized.

You get the most beautiful truths from Emerson's essays, but that is not knowing them. You cannot know them until you have lived them. It is a grand thing to say, "Beyond the Alps lieth Italy," but you can never really say that until you have yourselves struggled over Alps of difficulty and have seen the Italy of victory beyond. It is fine to say, "We are rowing and not drifting." But you cannot say that in tune until you have pulled on the oar.

O, Gussie, get an oar!

* * *

## My "Maiden Sermon"

DID YOU ever hear a young preacher, just captured, just out of a "factory"? Did you ever hear him preach his "maiden sermon"? I wish you had heard mine. I had a call. At least, I thought I had a call. I might have been "short-circuited," but the "brethren" waited upon me, and told me I had been "selected." Maybe this was a local call and not long distance.

They gave me six weeks to load the gospel gun and get ready for my "try-out."

I certainly loaded it to the muzzle. But I made the mistake I am trying to warn you against. Instead of going to the one book where I could have gotten a sermon—the Book of My Experience, I went to the books in my father's library. "As the poet Shakespeare has so beautifully said," and then I took a chunk from Shakespeare and nailed it on page five of my sermon. "List to the poet Tennyson." Come here, Lord Alfred. So I soldered these chunks from the books together with my own native genius. I worked that sermon up into the most beautiful splurges and spasms. I bedecked it with metaphors and semaphores. I filled it with climaxes, both wet and dry. I had the finest wet climax on page fourteen, where I had made a little mark in the margin which meant "cry here." This was the spillingpoint of the wet climax. I was to cry on the left-hand side of the page.

Then I committed it all to memory, and went to the lady who taught expression to get it expressed. You must get it expressed!

I got the most beautiful gestures nailed into every page. You know about gestures—these things you make in the air with your hands as you speak. You can notice it on me yet!

I am not sneering at expression. Expression is a noble art. But you must get something to express!

Here I made my mistake. I got a lot of gestures. I got an express-wagon, and didn't get any load for it. So it rattled. I got a necktie, but didn't get any man to hang it on. I got up before a mirror for six weeks, day by day, and said that sermon to the looking-glass. It got so it would run itself. I could have gone to sleep and that sermon wouldn't have hesitated.

Then came the grand day. The boy wonder stood forth before that large and admiring throng. I delivered that sermon more grandly than ever to a mirror. Every gesture went off the bat just where planned. I cried on page fourteen. I never knew it was in me—but I certainly got it all out that day.

Then I did another fine thing—I sat down. I wish I had done that earlier! I wish now I had sat down before I got up. I was the last man out of the church —and I hurried! But they beat me out—all nine of them. When I went out the door, the old sexton said as he jiggled the key in the door to hurry me, "Don't feel bad, bub, I've heerd worse than that. You're all right, bub, but you don't know nothing yet."

I cried all the way to town. If he had plunged a dagger into me he wouldn't have hurt me so much. It has taken a good many years to learn that the old man was right. I had wonderful truth in that sermon. No sermon ever had greater truth, but I hadn't lived it. The old man meant that I didn't know my own sermon.

* * *

So, children, when you prepare your commencement oration, write about the thing you know best. If you know more about peeling potatoes than anything else, you make your oration on "Peeling Potatoes," and the applause will peal from every seat.

Out of every thousand books published, at least nine hundred do not pay the cost of the first edition. As you study the books that do live, you note that they are the books that have been lived. Perhaps the books that fail have even more of truth in them and are better written, yet they lack the vital impulse. They come out of the author's head. The books that live come out of the author's heart and life. They are what he really knows. They come surging and pulsating, come from his own Book of Experience.

Life only comes from life, and we have life more abundantly as our lives touch greater lives. The best part of your schooling is not from touching books, but from touching the lives of their teachers.

Here is the dividing line between success and failure in education. The books and schools do their part well in giving the tools and the strings. But the failure comes if we go no farther.

We study agriculture in books. But that does not make us an agriculturist. We must take a hoe and go out and agricult!

* * *

## You Must Live Your Song

"There was never a picture painted,
There was never a poem sung,
But the soul of the artist fainted,
And the poet's heart was wrung."

So many young people think because they have a good voice and they have cultivated it, they are singers. All this cultivation and irritation and irrigation and gargling of the throat, are merely symptoms of a singer—merely neckties. Singers look better in neckties.

They think the song comes from the diaphragm. But it doesn't; it comes from the heart, chaperoned by the diaphragm.

You can never sing one song you haven't lived.

I said that to Jessie the other day at the chautauqua. She has a beautiful voice and had been away to "Ber-leen" to study. She sang that afternoon in the tent, "The Last Rose of Summer." She sang it with every note so well placed, with the sweetest little trills and tendrils, with a smile just as her teacher had taught her. Jessie exhibited all the machinery to sing "The Last Rose of Summer," but she had no steam. All she sang was the notes. She might as well have sung "Pop Goes the Weasel!"

When I got back to the hotel Jessie was crying. "Why did I fail?"

"Why, Jessie, I think this is the best singing lesson you have ever had. You tried to sing 'The Last Rose of Summer,' when you don't know very much yet about the first rose of summer. Child, I hope you'll never know the ache and disappointment and despair you'll have to know before you can really sing 'The Last Rose of Summer,' for that is the sob of a broken-hearted woman."O, why do young girls always try to execute that impossible song—impossible to them? And they always do "execute" it!

* * *

## Why Carrie Jacobs-Bond Succeeded

The other night James G. MacDermid, Sibyl Sammis and I sat at a table in the Cliff Dwellers' Club in Chicago, listening to the fourth member of the party—a woman clad in black, with a sweet, expressive face crowned with silvery hair. She is a wellknown song writer, and her songs go out of Chicago literally by the carload.

I wanted to ask her, "How did you succeed ? How did you know what kind of songs the people wanted ?"

"Isn't it good to be here? Isn't it great to have friends? And a fine home and money?" she said. "I have had such a struggle in my life. I have lived on one meal a day and didn't know where the next meal was coming from. I had been left alone in the world without resources. I had years of struggle. Sick and down-and-out, I began writing songs in my little backroom. I wrote what was in my heart. I wrote of my own life and struggles. My songs just came pouring out of my life. I had to write them for relief. And I am so happy that the world loves my songs, and buys them and asks for more of them."

That woman was Carrie Jacobs-Bond. She wrote "The Perfect Day," "His Lullaby," "Just a Wearyin' for You," and so many more of those little, simple songs that tug at your heart and sometimes moisten your eyes. I have looked at the songs. Why, anybody could write such songs—just a few words and a few simple notes.

But I know better since that night in the Cliff Dwellers' Club. Books of theory and harmony only teach us to write the notes, which are only the skeleton. The notes are only the place to hang a song. The song must come from the life.

If Carrie Jacobs-Bond had never been hungry, lonely, discouraged, struggling, she never would have known how to write one of the songs that have made her famous. Her defeat was her victory.

So we don't have to know what the world wants. We have merely to produce the perfect product of our own life, and the world clamors for it. The greatest art is merely the truest echo of our living.

* * *

## This the Lesson of Your Bumps

MY FRIENDS, I do not argue that you and I must drink the dregs of defeat, or that our lives must fill with sorrow or become wrecks.

No—but I do insist that none of us will ever know real success in any line of human endeavor, until that success flows from the fullness of our experience just as the songs came pouring from the life of Carrie Jacobs-Bond.

Many audiences are gathered here. Each person is a different audience. No two are alike. Each has a different fight to make and a different burden to carry. Each of us has more trouble than anybody else.

You older ones, there are chapters of positive heroism in your lives. You know most about The University of Hard Knocks. You have walked the floor when you could not sleep. You have cried yourselves to sleep. You know best that "beyond the Alps lieth Italy."

A good many of you here got bumped today, or you expect to get bumped tomorrow. Maybe you got bumped years ago and the wound doesn't heal, and you think it never will heal. You came here thinking that perhaps if you came you would forget your trouble a little while. I know there are people in this audience in trouble and in pain. Never do this many gather but what some have aching hearts.

If I were to go on talking about it, pretty soon I'd see your eyes glisten. And my eyes would leak. For I am like you—I have had more trouble than anybody else.

Then you young folks! You aren't much interested in this lecture. You are polite to me, because this is a polite neighborhood, but you don't care much for this lecture. You are saying, "What's this all about? What's that man talking about? I haven't had these things—and I'm not going to have them, either!"

And maybe some of you are naturally bright!

Children, you are not old enough to feel the need of this kind of Castoria.

But you will know. You will need it. I don't ask you to believe this—only remember it, so when you are bumped it will feel like a poultice. Your life is going to be very much like all other lives. All lives have about the same elements. You are going to weep. Some of you are going to cry yourselves to sleep. Some of you are going to walk the floor when you can't sleep. You are going to get bumped just as hard as papa and mama have been bumped. It's just going to be terrible!

Some of you are going to know the keenest sorrow, when the ones or one you trusted most, the ones closest to you, betray you. Maybe, betray you with a kiss! You will go thru your Gethsemane, and you'll think there isn't going to come any morning. You will say, "God, let me die. I am so unhappy. I have nothing more to live for."

But it is a long time after that until you are dead.

You are yet to discover that the best part of our lives comes after we have been killed a few times!

* * *

## This the Path to Heaven

And you are going to learn thru the years and the bumps and the tears, that all these things somehow are necessary to complete our education.

These bumps and hard knocks do not break the fiddle—they only turn the pegs!

Thru the years and the tears these bumps and tragedies and Waterloos draw the Strings of the Soul tighter and tighter, nearer and nearer to God's

Great Concert Pitch, where the discords fade out of our lives, where the music divine and the harmonies celestial come from the same old strings that had been sending forth all that noise and discord!

Thus we know our education is being finished—when the evil and the wrong and the discord go out of our lives, and when peace, understanding, sympathy, love and harmony fill them.

Then and not till then, is our Education completed.

For Education is merely the path to complete Happiness—the pathway to Heaven!

# V

# *Looking Backward*

WHAT MEMORIES revive in all of us as I touch these old familiar chords. In my earlier talks on "The University of Hard Knocks" I used to discuss these matters at length. Perhaps it will not be amiss to note a few of them here.

You gather from these remarks I was not born with a silver spoon in my mouth, tho it is evident I could have handled a pretty good-sized spoon. My father was a Methodist preacher, and we had tin spoons. We never had to tie a red string around our spoons when we loaned them for the ladies' aid society oyster supper. We always got our spoons back!

The first money I ever earned, I got by walking several miles into the country and gathering sheaves all day in the harvest field. You remember those old reaper days. That night I was so proud when that farmer patted me on the head and said: "You are the best boy to work I ever saw." Then the cheerful old miser put a nickel in my blistered hand. That nickel looked bigger than any money I have since handled.

* * *

## The "Last Day of School"

Yet I was years learning it is much easier to make money than to learn how to handle it, hence the tale that follows.

I was sixteen years old and a school teacher. Sweet sixteen—I mean, green sixteen. Cheer up, children, only green things grow! I was so tall and awkward then—I have since changed so much! I got the school because I was several dollars the lowest bidder. They used to say anybody could teach "kids."

I had never studied pedagogy, but I had whittled out three rules of teaching that I thought would make it go. My three rules of teaching were—

1, Make' em study.

2, Make' em recite. That is, fill' em up and then empty' em!

3, Get your money. With the accent on the third rule.

I walked the thirteen miles, six and a half each way, most of the time, to save money. I was not so narrow as to confine my teaching to one method. I was broad enough to use all methods the same day. With the small fry in the front rows I used a small paddle to win their confidence and to arouse their enthusiasm for an education. But with pupils larger and more muscular than the teacher, I used love and moral suasion.

We ended the school with an "exhibition." Did you ever attend the old back country "ex-hi-bition"? The people came that day from all over the township. They were so glad our school was closing they all turned out to make it a success. They brought great baskets of provender and we had a feast. We covered the school desks with boards and then stacked them high with fried chicken and doughnuts and pie—forty kinds of pie! Applebutter pie with the cross-barred lid, and dried-apple pie that was positively "swell"!

Then we had a "doings." Everybody did a stunt. We executed a lot of literature, and "execute" is the word that tells what we did to literature that day. I can shut my eyes now and see that show. I can see my pupils coming up one by one to speak their piece. I hardly knew them, for they were dressed up, and I had on a collar. Father had cut their hair with the sheepshears. Mother had washed them—washed them clear back of the ears—and even into them, twisting up the towel into a gimlet for that purpose. They wore collars that stuck out all around like they had pushed their heads thru a wagon-wheel.

I can see them coming up one by one to speak their piece. I can see "The Soldier of the Legion Day Dying in Algiers." We had him die again that day, and he died a terrible death as we executed him. I can see "The Boy Stood on the Burning Deck." I can see Mary's little lamb come skipping again over the stage. I can see the towheaded patriot again come forward to recite Patrick Henry's "Give Me Liberty or Give Me Death!" I have often thought that if Patrick Henry had attended our "exhibition," he would have said, "Give me death!"

Then came a breathless hush, as "teacher" came forth to say farewell. It was customary to cry, but I thought I would yell. Tomorrow I would get my money. I had a speech I had been saying over and over until it would run itself. But somehow when I got up before that last day of school audience, and opened my mouth, it was a great opening, but it missed fire. There I stood with my mouth open and nothing coming out. It came out of my eyes. Tears rolled down my cheeks until I could hear them spatter on my six-dollar suit.

And my pupils wept as their dear teacher said farewell! Parents wept. It was the teariest time you ever saw. I managed to say, "Weep not for me, dear friends, I am going away from you—but I shall return and teach your school next year."

I think they cried harder after that!

* * *

## Due at "Corncutting"

Next day I drew my money. I had it all in one joyous wad—$240. I was going home with head high and aircastles built even higher.

But I never got home with the money. Talk about the fool and his money, and you get very personal. On the road home I met Squire K, and he borrowed all the money of me. I loaned it so freely to him and no questions asked, because Squire K was "such a good man," and a pillar of the church. I used to wonder why he didn't take a pillow to church.

Squire K gave me a note for $240, due at "corncutting," as we termed that annual falltime paying-up season. I have that note yet. I have a faded, yellow, tear-spattered note for two hundred and forty dollars due at "corncutting," back in the eighties.

Squire K has gone from earth—has gone to his eternal reward. I scarcely know whether to look up or down as I say that. He never left any address that I could find.

Yet I gained. There is compensation and hard knocks education in all these bumps. The school teaching was worth thousands in experience, but I paid two hundred and forty thirteen-mile-a-day dollars to learn a little, simple lesson I couldn't learn out of the books—that a fool can make money, but only a wise man can spend it. And incidentally I learned it may be safer to do business with a first-class sinner than a second-class saint.

This isn't a slap at the church, but a slap at the worst enemies of the church, the foes of its own household.

* * *

## Graduating from the High School

But let me add just one lesson—the lesson that every discontented, ungrateful soul must learn.

We had a commencement in the home town high school. A class of brilliant and gifted young men and women went forth to take charge of the world. We were so glad the world had waited on us so long, and we were so sure the world would be richly repaid for waiting.

We were going to be presidents and senators, authors and authoresses, poets and poetesses, scientists and scientistesses, geniuses and geniusesses, and things like that. There was just one boy in the class who wasn't bright. This Jim Lambert person didn't have any brilliant career in view; he didn't even want to be postmaster. He somehow couldn't learn like the rest of us, for he lacked the intellect. They "conditioned" him into the senior class, and so we all looked down on him.

As commencement day approached, the committee of the class appointed for that purpose took Jim around back of the schoolhouse and broke the news to him that they were going to let him graduate with the class, but they wouldn't let him speak, because he couldn't make a speech. So they hid Jim on the stage back of the oleander that commencement night.

* * *

## Shake the barrel

The girl who was to become the authoress became the helloess in the home telephone exchange, and has become absolutely indispensable to the community. The girl who was to become the poetess became the goddess at the general delivery window and superintendent of the stamp-licking department of the home postoffice. The boy who was going to Congress is raising the best corn in the county, and his wife is speaker of the house.

Some of them are doing very well—especially Jim Lambert.

Jim, who wasn't bright, is the head of one of the big manufacturing plants of the South, with a lot of men working for him. The committee that took him behind the schoolhouse to inform him he couldn't speak at commencement, would now have to wait in line before a frosted door marked, "Mr. Lambert, Private." They would have to send up their cards, and have the watchdog who guards the door tell them, "Cut it short, he's busy!" before they could interview him today.

They hung a picture of Mr. Lambert in the high school back there at the last alumni meeting. Hung it in the same room where they hid Jim behind the oleander when he graduated, because he wasn't bright.

Dull boy, you with your eyes tear-dimmed sometimes because you can't learn like the bright ones in your class—doesn't the story of the Lambert boy cheer you up a little?

* * *

## Twenty-One Years Afterwards

I was janitor of the schoolhouse. Some of my classmates will never know how their thoughtless jeers wounded the shabby boy who swept the floors and carried in the coal. After commencement my career seemed to end, just where the careers of the rest of the class seemed to begin. They were going off to college and were going to do great things. But I was too poor to go. The week after commencement I went off to a printshop in another town, rolled up my sleeves and went to work in the "devil's corner" to earn my daily bread.

It took such a lot of bread!

I was discouraged and bitter at my fate. I had no chance like the rest.

Twenty-one years afterwards, a lyceum bureau sent me back to that home town to give a lecture. Every lecturer has a thrill—and generally a frost—when he goes back to lecture in the home town. He becomes a boy again, not a lecturer, for there are the boys he played with, and fought with—down there in the front rows, with their wives and their children. And he has gotten his lectures out of this home town, and his horrible examples, and if he gives his lecture he will stir things up. His heroes and villains are within striking distance.

* * *

I went back to the same old hall to lecture, and stood upon the same old boards where twenty-one years before I had stood to orate, and had said in my impassioned eloquence, "Ladies and gentlemen: Greece is go-o-one, and Rome is no mo-o-o-ore, but fear not, for I will save you!" or words to that effect.

Then I went back to the hotel with my eyes swimming and my heart afire with gratitude. I had a picture of the class—the one that had been taken twenty-one years before, just before we graduated. I hadn't seen the picture these twenty-one years, for I didn't have the quarter.

Hours I sat with that picture that night, living it over and getting a truer perspective of life. If you want to read the greatest chapter of life, you sit alone at night with a picture of your playmates taken twenty-one years before.

In that picture were fifty-four young people, all going to do wonderful things. But the barrel had been shaking, and almost every one that I expected would go up had shaken down, while those I expected would go down, had gone up. Out of that class, one had gone to a pulpit, one had gone to Congress and one had gone to the penitentiary. There had been drunkards, gamblers, wrecks and a suicide in that class. It seemed as tho every note on the keyboard of human possibility and failure had been struck in that one class.

And when that picture was taken the oldest was not more than eighteen, yet it seemed as tho the destiny of every one was pretty nearly decided. They were still going the way their faces were turned in that picture.

The boy who skimmed over his work in school was still skimming over the work of life.

The boy who went to the bottom of things in school was still going to the bottom of things in life. Which had helped him to go to the top of things.

Jim Lambert was still interested in machinery as he was when he was so dull in his books.

The boy who traded knives with me and skinned me. Why was it he could always beat me in a trade? Well, he went on trading knives and skinning folks. Twenty-one years afterwards he was doing time in the state penitentiary as a forger. He was now called a very bad man, when twenty-one years ago as he did the same things on a smaller scale they called him smart and bright.

How easy it is to see—as you look backward.

How hard it is to see—as you look forward.

The bookworm boy who didn't mix with the other boys, who didn't whisper, who didn't get into trouble, who always had his hair combed and said, "If you please," used to hurt me. All the mothers used to say as they punished their own reprobate sons, "Why can't you be like Harry? He'll become president of the United States, and you'll go to jail." That model Harry never had the gumption to do anything but sit around and be a model. I believe it is Mr. Webster who defines a model as a small imitation of the real thing. Harry certainly was a successful model. He became a seedy, sleepy old relic at forty. It was the boys who had the hustle and the life and energy, who occasionally needed licking—and who got it good and plentifully—who really achieved things.

It might be added that Clarice, our society girl—our real pretty girl of the class, who won the majolica vase in the home paper beauty coupon contest, went right on thru the years in the social spolight, primping and flirting. At last she got on the remnant counter with no bidders. The girls of the class who shone in society mainly as wall-flowers, were the ones who became the mothers in the real homes of the community. Somehow, the boys hurrahed for giddy Clarice, but picked a wall-flower to preside over their new home!

* * *

## The Boy I Had Envied

Frank was the boy I had envied most. He had everything—had a fine home, a loving father, money, opportunity and a great career awaiting him. Everybody said that Frank was the most popular boy in the town, and he was brilliant and lovable. People always said he would make his mark in the world and make the town proud of him.

Many a time as I plugged away at the printer's case I longed for Frank's chance.

Twenty-one years afterwards when I got off the train in the old town I asked, "Where's Frank ?" Presently we went out on the edge of the town to the cemetery and stood at a grave, where I read on the headstone,"Frank."

And I had the story of the kind of a tragedy too pitifully common these days. The story of the boy who had every advantage and opportunity, but had everything given him—had all of life made too easy for him. Pie had no discipline in the School of Service, and he never entered his career. He just seemed to plunge headlong hellward. He disappointed every proud hope, broke his father's heart, spent his fortune, shocked a community, and finally ended his wasted life with a bullet fired by his own hand.

* * *

## Pulling on the Oar

Did you get the great lesson from "Ben Hur"?

The Jewish boy is torn from his home in disgrace. Heartbroken he is haled into court and tried for a crime he never committed. Ben Hur didn't get a fair trial. Nobody gets a fair trial at the hands of this world. That is why the great Judge has said, "Judge not, for you have not the full evidence in the case."

Then they condemn him. They lead him away to the galleys, they chain him to the bench, chain him to the oar. There follow the days and years when the lash falls on his back as he pulls on the oar. Day by day his back bleeds, his heart aches, his eyes fill with tears. He is the victim of cruel, mocking fate. He is getting nowhere; just pulling on the oar.

Just as you and I cry out. In a kitchen or an office or wherever we work we seem so often like slaves just pulling on the oar. Life seems just one futureless round of drudgery. The lash of necessity falls on our back, and our heart aches and our eyes fill up with tears. O, God, how long! Each one of us can look across the street and see somebody who doesn't have to pull on the oar. They have a better time than we have and we envy them.

We cannot see that they, too, are pulling on the oar. We can only see the oar we seem chained to. We do not see that those we envy are often envying us.

But look at the chariot race in Antioch. See the thousands in the circus. See Messala, the haughty Roman, and see! Ben Hur from the galleys in the other chariot driving those Arabian steeds pitted against Messala. Down the course hurl these twin thunderbolts. Who will win? "The man with the stronger forearms," whisper the thousands.

There comes the crucial moment in the race when Ben Hur with those mighty forearms of steel that he had been getting in the galleys pulling on the oar—when those tremendous arms are able to pull those flying Arabians into the inner ring, and Ben Hur wins the race, because he had been pulling on the oar! Had Ben Hur never been arrested, and condemned, he never could have won the race.

Sooner or later you and I are to discover as we pull on the oar, lashed so often by grim necessity, that Providence doesn't make any mistakes in its bookkeeping. Every honest effort we make, tho blindly and despairingly, is somehow laid up for us as a bank account of strength, at compound interest. And the time comes when we are in the chariot race, when we win the victory—when we strike the blow, when we stand and do not fall—with the strength we got back there in the clouds when we were pulling on the oar.

* * *

Standing at Frank's grave I thanked God for the oar. I am not an example of success. But I am a very grateful pupil in the first reader class of the University of Hard Knocks.

# VI

## *Looking Forward*

THIS IS the Best Day of My Life! It is the Best Day of Your Life. It is the Best Day of Everybody's Life. All of us are wiser, stronger, greater today than ever before. All of the past is ours today at compound interest. All the past has been spent to prepare for today.

I am so glad for today!

I am so sorry for the one who doesn't believe it. I am sorry for the one who weeps on my shoulder and says, "I wish I were a child again. O, if I could only live my life over. I was happy when I was a child, and I'm not happy now. Those were the best days of my life."

Wake up, my friend! Your clock has run down! You say the child is happy? The babe doesn't know what happiness is, because the babe hasn't known anything else. You've got to live long and get bumped and disappointed and cry yourself to sleep before you can know what happiness really is.

We don't know how to appreciate the day until we've been in the night.

We don't know how to appreciate food until we've been hungry ; nor rest until we've been fatigued.

Do you know what heaven is? Just get the toothache and then wait until it quits. That is heaven.

* * *

### WAITING TO THE "SECOND TABLE"

I'm sorry for a child. I don't want to be a child again. I don't want to live it over. I wouldn't take my chances going thru it all again and getting here today. I deserved killing a thousand times. I don't see how I escaped.

My advice to children is, Don't be a child any longer than you have to be, for it's better farther on.

Life's great truth is. It's Better Farther On.

I remember when a child, the elder used to come to our house and stay for dinner. He used to be the easiest man to get to stay for dinner I ever saw. That was the big dinner. Mother always outdid herself when the elder stayed for dinner. She'd uncork about eleven cans of fruit, and jelly and jam and watermelon preserves. And there would be a great big plate full of fried chicken, and gravy and mashed potatoes!

I could hardly wait for dinner, I was so hungry. Then the elder would sit down at the head of the table, and father would say to me, "Boy, you run along into the other room and wait! There isn't room for you."

I used to go into that other room while they ate the big dinner, and nearly starve. I was the hungriest one in the house, and waiting because I was a child. I used to sit there and yammer thru a crack in the door at them eating the big dinner out in the other room, and I used to think heaven must be a place where everybody gets to eat at the first table!

I would see the dinner going fast. There was only one piece of chicken left on the plate—the neck. O, Lord, save the neck!

And the elder took that!

Then I have seen that good elder come into the room where I was starving, he full of that good dinner. He would come up to that little hungry wretch waiting behind the door. "Brother Parlette, is this your boy?" He would put his hand in benediction on my head—my head wasn't the place that needed the benediction! —and say, "My boy, you want to have a good time now."

Now! With all the chicken gone!

"You want to have a good time now, my boy, because you are seeing the best days of your life right now."

The dear old liar! I was seeing the worst days of my life. If there is anybody short-changed—if there is anybody who doesn't have a good time, it's a child.

* * *

## Each Year Brings More

I don't say this to make a child unhappy. A child is happy. A boy is happy with fuzz on his upper lip. But he'll be happier when his lip feels more like mine—like a piece of sandpaper. Why, there are chapters and chapters of happiness undreamed of in his philosophy. Perhaps there is a time coming when all the millions of girls in the world will boil down into one girl—"the only girl in the world" for him. The time may come when he'll find her, or she'll find him, according to the suffragette indications. He'll take her little, soft, white hand into his big, rough, horny fist and say, "That little hand will never be put into dishwater."

Classic fib!

They'll think they can't possibly be happier than that, but those two precious children are only beginning. Wait till you're my age. I know that far, and I know it's the best today. Anybody in this audience older than I am, I envy you; you're nearer heaven. Anybody in this audience younger than I am, I pity you ; hurry up!

A child can be full of joy. But when the child is full of joy, it doesn't hold enough joy. Not more than a pint; then it slops over.

Afterwhile that same child will hold a quart of joy, and not make half so much fuss.

I hold a gallon!

Some of you folks must hold a barrel! I don't mean circumference. I mean every vear increases our capacity for joy. Our life begins small. But it grows and widens with the years. Bigger and bigger it becomes until this old world actually gets too small for us and presently the fences go down and, hooray! we're in heaven!

* * *

## We Cannot Grow Old

So we cannot grow old. Our life never stops. It goes on and on forever.

That is why we cannot grow old. Anything that doesn't stop cannot have age. This hall will grow old; it will stop. This stage will grow old ; it will stop. Even my lecture will grow old ; it will stop!

But you and I will never grow old, for God cannot grow old; and you and I will go on living as long as God lives.

I am not worried today over what I do not know. I used to be worried. I used to say, "I have not time to answer you now!" But today it is such a relief to look people in the face and say, "I don't know." Some day I'll know. Every day the answer comes to something.

It will take an eternity to know an infinity!

* * *

I discover that the man who says the world is degenerating, has been looking in the glass too much.

I discover the world is all looking-glass. We see around us just what we have in our own heart.

I'm sorry for the man who says this is a bad world, for he sees himself.

I'm sorry for the man who says, "Everybody is trying to rob you." Instinctively, I put my hand on my wallet.

If we call the world bad, it shouts back like an echo, "Bad! bad! bad!"

If we sing to the world, it sings back to us.

If we love the world, it loves us.

* * *

## Defeats That Become Victories

Children, when you hear an orator speak and you note the ease and power of his work, do you ever think of the years of struggle he spent in preparing? Do you ever think of the times that orator tried to speak and failed, and went back to his room in disgrace, mortified and broken-hearted? Thru it all there came the discipline and experience and grim resolve that resulted in the successful orator you now hear.

When you hear the musician and see the ease of that performance, do you think of the years of struggle and overcoming necessary to do it with that finish and grace? That is the story of the actor, the author and every other one of attainment.

Do you note that the tropics, the countries with the balmiest climate, produce the weakest peoples ? Do you note that the conquering races are those that struggle with both heat and cold? Be glad you live in a land where the mercury goes below zero—even if you are not in the coal business. The tropics are the geographical Gussies.

Do you note that people grow more in lean years than in fat years ? Crop failures aren't calamities, but blessings in disguise. People go to the devil with full pockets; they turn to God when hunger hits them. "Is not this Babylon that I have builded?" Belshazzar will tell you that the "hard times" are the Needful Knocks.

Do you remember that they had to lock John Bunyan in Bedford jail before he would write that immortal "Pilgrims' Progress"? Perhaps some of us should go to jail to do our best work!

Do you remember that one musician became deaf before he wrote the music the world will always hear? Do you remember that one author became blind before he wrote "Paradise Lost"?

Do you remember that Saul of Tarsus was educated at the feet of Gamaliel, with wealth and honor at his command? But he had to be blinded and scourged and humiliated before he could become the great apostle to the Gentiles.

Do you remember that the Bull Run battle must be fought before you come to Appomattox?

Do you see all around you that Success is ever the Phoenix rising from the ashes of defeat?

Then when you graduate and you stand in a row with your diplomas in your hands and the relatives and friends shake your hand and say, "Success to you!"—I shall take your hand and say, "Defeat to you!" "And a black eye to you!" "And plenty of bumps to you!"

For I want you to become Great, and Strong, and Successful, and Happy, and Educated!

# VII

## *Getting to Life's Summit*

ONE DAY in California I climbed Mount Lowe. Some of you, no doubt, have climbed that old brown sentinel of the orange belt of Southern California. That day I went from Los Angeles, "city of the angels"—and real estate agents, to Pasadena, and then to Altadena, and those other little "denas" and things every half-mile till I got to Mount Lowe's feet, or foothills.

We went up Rubio Canyon until we came to the triangular thing the guide-book calls an "engineering miracle." We got into this and then were boosted—no, yanked—thirty-five hundred feet upward. We quickly rose out of that hungry looking chasm, up the side of that granite cliff to the top of Echo Mountain, with only two little rails and some ropes between me and—depending upon how I had lived!

Then on the top of Echo Mountain we got out of that lifter thing, and discovered it wasn't a mountain-top at all, but a shelf on the side of the greater mountain. Here we got into a trolley-car and went about five miles farther up the side of Mount Lowe, without a straight rail in the track. Every minute a new thrill—and no two thrills alike! five miles of winding and squirming, and twisting and ducking, and dodging and summersaulting!

We went over so many wooden bridges that squeaked. Where I would grab the seat and lift!

We came to the headliner thrill. Money positively refunded at the gate if not as advertised! I saw it coming! Oo-oo-oo! The car ran out on a wooden shelf that man had nailed to the perpendicular face of the rock wall. Where my life hung on the honesty of the man who drove the nails.

I wondered if he had been working by the day or by the job when he drove those nails!

I would look over the edge of the car, down—down—down!

I would look on the other side of the car at the face of the cliff we were hugging, up—up—up! About a mile either way, straight up or straight down. And no place to resign!

We were five thousand feet when the car stopped. We were on another shelf they call Alpine Tavern. Science here surrendered. Mount Lowe's summit was eleven hundred feet above—three miles more of a climb up that wriggling trail.

All alone that forenoon I went up that trail.

* * *

## Getting Above the Clouds

And finally I got on a rock flat as this floor—Mount Lowe's summit, more than a mile above the plain. You can't describe such a wonderful experience with this poor human vocabulary. You must live it. That pure, clear day I could look down thru the swimming, quivering space into the citrus empire of Southern California, all spread out in one great mosaic of turquoise and amber and emerald. My field-glass swept vistas of many miles in one great panoramic picture. The miles were an inch long on my Mount Lowe map. It took an hour to look in any direction, there was so much to see!

Right below me Los Angeles, and Pasadena! To my right, perhaps forty miles, the Pacific Ocean. It seemed so near I could throw a pebble into the waves. But when I tried it, it fell on my toes. How a mountain does deceive!

To my back the granite cliff rising higher. And I discovered that Mount Lowe's summit is just another shelf on the side of the higher Sierras. Over at my left "Old Baldy," twelve thousand feet, and snow eternally on his head.

I get a better vision of the Infinite. I am in one of His great workshops!

Presently clouds come in the valley below me. I had gotten above the clouds! The clouds grew blacker and spread out until they covered the valley. Presently it dawned on me that rain is falling in the valley. It is a real storm down there. The people are saying, "It is raining; the sun doesn't shine; the sky is all gone."

But I was standing on the mountain top. The sun was shining on me, and the sky was all serene over my head. The storm was all down under my feet. I had gotten above the storm, into the sunshine!

I had gotten a mile above the valley and there were millions of miles of sunshine above me.

* * *

Presently the storm was over. The valley came out all the brighter for the washing. I went clambering down the mountainside. But before the journey was done, the shadows came spreading again over the valley.

Then I looked over in the southwest and saw the sun sinking. Lower and lower it dipped until its red lips kissed the blue cheek of the ocean. The molten glory and the liquid rainbows spread out over the southwest, and the shadows came eastward over the valley, wider and wider, until presently the valley was black with shadows. The lights began to twinkle in the cities of the valley, and I knew it was night down there. The people were saying, "The sun doesn't shine; the night has come."

But as I turned and looked back up the mountain, I saw the glorious radiance of the sun bathing Mount Lowe's summit, while the darkness filled the valley. It was night in the valley and day on the mountain-top!

* * *

O GOD! I HEAR THY VOICE. I hear it in the valley and on the mountain- top. I hear it in the storm, in the night and the light!

Child of humanity, are you in the storm? Climb higher and you come to the calm.

Are you in the night? Climb yet higher, and you come to the light.

For the peace and the light are right above us—above the storm and the night.

And life is the journey from the storm and the night to the peace and the light.

I have been climbing my life-mountain these years. I have stumbled and fallen so many times. I have said, "I cannot carry my burden longer." But now I find myself farther up the mountain-side, and my eyes open wider and I look back and see that all the bumps were lessons. All the rocks were steps in the great stairway that somehow had to be built to make me climb higher.

Every day gets better, because every day we get a little farther up. Every day we look down upon some storms that used to terrify us. Every day we rise above the legacy of our limitations. None of these things move us now.

Today is our best day, because today we are highest up.

So our last days of earth become our best.

Some day my night will come. It will spread over the valley of material things. But I shall stand on the mountain-top, my Nebo, in the day, and the night will be down in the valley with the storms. I shall find life's mountain-top just another shelf on the side of the Mountain of Infinite Unfolding.

I shall have risen but the first mile. I shall have the millions of miles yet above me!

I shall find this mountain-top day just a grander Commencement Day, with Commencement Days and Master's Degrees never ending as I rise thru Eternity!